AutoUni – Schriftenreihe

Band 118

Reihe herausgegeben von / Edited by
Volkswagen Aktiengesellschaft
AutoUni

Die Volkswagen AutoUni bietet Wissenschaftlern und Promovierenden des Volkswagen Konzerns die Möglichkeit, ihre Forschungsergebnisse in Form von Monographien und Dissertationen im Rahmen der „AutoUni Schriftenreihe" kostenfrei zu veröffentlichen. Die AutoUni ist eine international tätige wissenschaftliche Einrichtung des Konzerns, die durch Forschung und Lehre aktuelles mobilitätsbezogenes Wissen auf Hochschulniveau erzeugt und vermittelt.

Die neun Institute der AutoUni decken das Fachwissen der unterschiedlichen Geschäftsbereiche ab, welches für den Erfolg des Volkswagen Konzerns unabdingbar ist. Im Fokus steht dabei die Schaffung und Verankerung von neuem Wissen und die Förderung des Wissensaustausches. Zusätzlich zu der fachlichen Weiterbildung und Vertiefung von Kompetenzen der Konzernangehörigen, fördert und unterstützt die AutoUni als Partner die Doktorandinnen und Doktoranden von Volkswagen auf ihrem Weg zu einer erfolgreichen Promotion durch vielfältige Angebote – die Veröffentlichung der Dissertationen ist eines davon. Über die Veröffentlichung in der AutoUni Schriftenreihe werden die Resultate nicht nur für alle Konzernangehörigen, sondern auch für die Öffentlichkeit zugänglich.

The Volkswagen AutoUni offers scientists and PhD students of the Volkswagen Group the opportunity to publish their scientific results as monographs or doctor's theses within the "AutoUni Schriftenreihe" free of cost. The AutoUni is an international scientific educational institution of the Volkswagen Group Academy, which produces and disseminates current mobility-related knowledge through its research and tailor-made further education courses. The AutoUni's nine institutes cover the expertise of the different business units, which is indispensable for the success of the Volkswagen Group. The focus lies on the creation, anchorage and transfer of knew knowledge.

In addition to the professional expert training and the development of specialized skills and knowledge of the Volkswagen Group members, the AutoUni supports and accompanies the PhD students on their way to successful graduation through a variety of offerings. The publication of the doctor's theses is one of such offers. The publication within the AutoUni Schriftenreihe makes the results accessible to all Volkswagen Group members as well as to the public.

Reihe herausgegeben von/Edited by
Volkswagen Aktiengesellschaft
AutoUni
Brieffach 1231
D-38436 Wolfsburg
http://www.autouni.de

Weitere Bände in der Reihe http://www.springer.com/series/15136

Daniel Schwarz

Regelung des Dieselmotors

Sauerstoffbasierte Konzepte
für Motoren mit variabler
Ladungswechselsteuerung

 Springer

Daniel Schwarz
Wolfsburg, Deutschland

Zugl.: Dissertation, Universität Rostock, 2017

Die Ergebnisse, Meinungen und Schlüsse der im Rahmen der AutoUni – Schriftenreihe veröffentlichten Doktorarbeiten sind allein die der Doktorandinnen und Doktoranden.

AutoUni – Schriftenreihe
ISBN 978-3-658-21840-9   ISBN 978-3-658-21841-6   (eBook)
https://doi.org/10.1007/978-3-658-21841-6

Die Deutsche Nationalbibliothek verzeichnet diese Publikation in der Deutschen National-bibliografie; detaillierte bibliografische Daten sind im Internet über http://dnb.d-nb.de abrufbar.

Gedruckt auf säurefreiem und chlorfrei gebleichtem Papier

Springer ist ein Imprint der eingetragenen Gesellschaft Springer Fachmedien Wiesbaden GmbH und ist ein Teil von Springer Nature
Die Anschrift der Gesellschaft ist: Abraham-Lincoln-Str. 46, 65189 Wiesbaden, Germany

Vorwort

Die vorliegende Arbeit entstand während meiner Tätigkeit in der Vorentwicklung für Dieselmotoren in der Aggregateentwicklung der Volkswagen AG am Standort Wolfsburg. Ich möchte mich bei allen bedanken, die mich bei der Anfertigung meiner Arbeit unterstützt haben.

Mein besonderer Dank gilt Herrn Prof. Dr.-Ing. Harald Aschemann vom Lehrstuhl für Mechatronik der Universität Rostock für die hervorragende wissenschaftliche Betreuung und Förderung meiner Ideen. Herrn Prof. Dr.-Ing. Christian Bohn vom Lehrstuhl für Regelungstechnik und Mechatronik der Technischen Universität Clausthal möchte ich für die Übernahme der Aufgabe des Zweitprüfers sehr herzlich bedanken. Außerdem möchte ich Herrn Dr.-Ing. Jens Hilbig für die Möglichkeit danken, diese Arbeit in seiner Abteilung anfertigen zu können. Mein Dank gilt auch Herrn Dipl.-Ing. Thomas Herbst für die überfachliche Betreuung und Unterstützung bei Fragen zu Abläufen und Prozessen.

Weiterhin bedanke ich mich bei meinen Arbeitskollegen. Das gute Arbeitsklima hat es mir leicht gemacht, mich in das bestehende Team zu integrieren, mich weiter zu entwickeln und meine Ideen erfolgreich einzubringen. Über den Arbeitsalltag hinaus habe ich Ihnen eine angenehme Zeit und zahlreiche gute Erinnerungen zu verdanken. Ganz besonders gilt dieser Dank Herrn Dr.-Ing. Thorsten Schmidt für die Betreuung der Arbeit, der Übernahme des Drittgutachters und dessen Beistand bei jeglicher Art von Problemen und Fragen. Herrn Dr.-Ing. Robert Prabel und Herrn Dipl.-Ing. Peter Rockmann danke ich für die zahlreichen, fachlich anregenden Diskussionen, die diese Arbeit maßgeblich beeinflusst haben. Ebenso bedanke ich mich bei meinen Bürokollegen Herrn Dipl.-Ing. Nebelin und Herrn Dipl.-Ing. Mathusall, die mir mit zahlreichen Tipps und Antworten auf Fragen zur Seite standen. Herrn. M.Sc. Daniel Langstrof sowie Herrn M.Sc. Serhat Günal möchte ich für ihre außerordentliche Hilfe im Rahmen einer studentischen Arbeit danken. Ihre Arbeit stellt einen wesentlichen Beitrag zur erfolgreichen Bearbeitung des Themas dar. Ich bedanke mich ebenfalls bei allen Prüfstandsfahrern, die mir bei meinen Messungen und Versuchen tatkräftig und über das normale Maß hinaus zur Seite standen.

Meinen Eltern Marlis und Norbert Schwarz danke ich besonders, da sie mich auf meinem bisherigen Lebensweg unterstützt und stets an mich geglaubt haben. Meinen Freunden Janko, Thomas, Thomas und Philipp danke ich für den Ausgleich den sie mir, jeder auf seine Weise, geboten haben. Sie haben mich von den aktuellen fachlichen Problemen abgelenkt und somit Platz für eine sachlich, neutrale Sichtweise geschaffen sowie Kraft für die Bewältigung der Aufgaben gegeben. Mein größter Dank gilt meiner Lebensgefährtin Aileen Hoppe für den Freiraum, den sie mir zum Verfolgen meiner Ziele eingeräumt hat und für die Aufmunterung, wenn es mal nicht so lief wie vorgesehen.

Daniel Schwarz

Inhaltsverzeichnis

Abbildungsverzeichnis IX
Tabellenverzeichnis XI
Abkürzungsverzeichnis XIII
Symbolverzeichnis XV

1 Einleitung **1**
   1.1 Steuerung und Regelung des Dieselmotors 3
   1.2 Stand der Technik und Literaturdiskussion 5
   1.3 Zielsetzung und inhaltliche Gliederung 6

2 Grundlagen **9**
   2.1 Dieselmotor 9
      2.1.1 Einspritzung 9
      2.1.2 Abgasrückführung und Aufladung 10
      2.1.3 Emissionen im transienten Betrieb 12
      2.1.4 Schadstoffbildung 12
      2.1.5 Abgasnachbehandlung 13
      2.1.6 Innere AGR und Scavenging 15
   2.2 Motormanagement 18
      2.2.1 Steuerungs- und Regelungsansätze des Dieselmotors 18
      2.2.2 Ladedruckregelung 19
      2.2.3 Regelung der Abgasrückführung 20
      2.2.4 Der Sauerstoffmassenanteil als Führungsgröße 22
   2.3 Entwicklungsumgebung 23
      2.3.1 Versuchsträger 23
      2.3.2 Aufbau des Motorprüfstands 23
      2.3.3 Rapid Control Prototyping 24

3 Sauerstoffsensor **27**
   3.1 Grundlagen elektrochemischer Sensoren 27
      3.1.1 Sprung-Lambdasonde 29
      3.1.2 Breitband-Lambdasonde und Sauerstoffsensoren 30
   3.2 Einbauposition und Anforderungen an die Signalgüte 30
   3.3 Kompensation der Druckabhängigkeit 32

4 Physikalische Modellbildung des Gassystems **39**
   4.1 Gassystem des Dieselmotors 39
      4.1.1 Behälterersatzmodelle 40
      4.1.2 Drosselersatzmodelle 43
      4.1.3 Abgas-Turbolader 44

4.2   Modellbildung der Zylindergruppe   45
        4.2.1   Mittelwertmodell der Zylinderfüllung   46
        4.2.2   Mittelwertmodell des Sauerstoffmassenanteils   47
4.3   Regelungsorientierte Modellbildung   54
4.4   Parameterschätzung   58

5   Regelungsentwurf **65**
5.1   Zentrale Regelung mit flachheitsbasierten Methoden   66
        5.1.1   Flachheitsanalyse   66
        5.1.2   Flachheitsbasierte Folgeregelung des Modells 5. Ordnung   68
        5.1.3   Flachheitsbasierte Folgeregelung des Modells 2. Ordnung   70
5.2   Zentrale Regelung mittels Erweiterter Linearisierung   71
        5.2.1   Voraussetzungen für den Entwurf eines MIMO-Optimalreglers . . .   72
        5.2.2   MIMO-Optimalregler   72
5.3   Dezentrale Regelung des Sauerstoffmassenanteils   73
        5.3.1   Flachheitsbasierte Folgeregelung   75
        5.3.2   SISO-Optimalregler   75
        5.3.3   Vorsteuerung   76
        5.3.4   Kompensation der Störgröße Einlassmassenstrom   77
        5.3.5   Vergleich der dezentralen Regler des Sauerstoffmassenanteils . . .   81
5.4   Dezentrale Regelung des Drucks vor NDAGR-Klappe   82
        5.4.1   Flachheitsbasierte Folgeregelung   83
        5.4.2   Kompensation der Störgröße Abgasmassenstrom   83
        5.4.3   Stellposition der Abgasklappe   85
5.5   Sollwertvorgabe und Kopplung der Teilsysteme   86
5.6   Zusammenfassung der untersuchten Regler   87

6   Ergebnisse der dezentralen Entwurfsvarianten **89**
6.1   Simulationsergebnisse   89
        6.1.1   Regelung des Sauerstoffmassenanteils   90
        6.1.2   Druckregelung   93
        6.1.3   Störbeobachter   94
6.2   Experimentelle Ergebnisse   97
        6.2.1   Regelung des Sauerstoffmassenanteils   97
        6.2.2   Druckregelung   100
        6.2.3   Störbeobachter   102
6.3   Potenzialbewertung   105

7   Zusammenfassung und Ausblick **109**

Literaturverzeichnis **111**

Abbildungsverzeichnis

1.1   Sensoren und Aktoren eines Dieselmotors   4
1.2   Inhaltliche Gliederung   7

2.1   Schematische Darstellung des Luft- und Abgaspfads eines Dieselmotors . .   11
2.2   Konventionelle Ventilhubkurven beim Dieselmotor   16
2.3   Abgasrückführung durch Zusatznocken   17
2.4   Beispielhafte Darstellung der Prozesse der internen Abgasrückführung und Scavenging in Abhängigkeit der Druckdifferenz   18
2.5   Struktur der Ladedruckregelung   20
2.6   Struktur der aktuellen Sollwertbildung und Steuerung der Abgasrückführung   21
2.7   Dynamisches Verhalten von AGR-Rate und Sauerstoffmassenanteil im Saugrohr bei sprunghafter Änderung der NDAGR-Klappe   22
2.8   Schematische Darstellung der Entwicklungsumgebung   25

3.1   Kubische Floridstruktur   28
3.2   Funktionsprinzip einer Sprung-Lambdasonde   29
3.3   Funktionsprinzip einer Breitband-Lambdasonde   30
3.4   Einbaupositionen des Sauerstoffsensors im Ansaugtrakt des Motors   31
3.5   Abhängigkeit des Pumpstroms vom statischen Druck   33
3.6   Kompensation der Sensor-Nichtlinearität durch Reihenschaltung mit der inversen Kennlinie   33
3.7   Kompensation der statischen Druckabhängigkeit des Sauerstoffsensors . . .   34
3.8   Messung, Modell und Ergebnis der statischen Druckkompensation im Vergleich   34
3.9   Dynamische Anregung des Drucks durch Drosselklappenöffnung   36
3.10 Kompensation der statischen sowie dynamischen Druckabhängigkeit des Sauerstoffsensors   37
3.11 Statisch und dynamisch kompensierter Pumpstrom, Prüfstandsmessung . .   37

4.1   Behälter im Gaspfad des Dieselmotors   40
4.2   Schaubild einer Drosselstelle mit veränderlichem Querschnitt   44
4.3   Abbildung des Motors durch einen Zylinder   46
4.4   Vergleich von Ansätzen zur Bestimmung der AGR-Rate   49
4.5   Sauerstoffmassenanteil der Ladeluft und im Zylinder bei iAGR   50
4.6   Massenstrom der iAGR und der gemessenen Frischluft   51
4.7   iAGR-Rate   51
4.8   Verschiedene Sauerstoffmassenanteile bei einer Messung mit Scavenging   52
4.9   Massenströme bei einer Messung mit Scavenging   53
4.10 Ersatzschaltbild für die regelungsorientierte Modellbildung   54

4.11 Parameterschätzung mit Ausgangsfehler 59
4.12 Normierte Kennfelder zur Bestimmung der Klappenposition in
      Abhängigkeit der Strömungsgeschwindigkeit und der Klappenposition . . . 60
4.13 Soll- und Istwertverlauf der NDAGR-Klappenposition 61
4.14 Soll- und Istwertverlauf der Abgasklappenposition 62
4.15 Soll- und Istverlauf des Sauerstoffmassenanteils 62

5.1   Systemschaubild der flachheitsbasierten Folgeregelung 71
5.2   Systemschaubild der Regelung des Teilsystems Sauerstoffmassenanteil im
      Mischbehälter NDAGR 81
5.3   Blockschaltbild des reduzierten Beobachters zur Bestimmung des
      Abgasmassenstroms 84
5.4   Systemschaubild der Regelung des Teilsystems Druck vor Abgasklappe . . 85
5.5   Systemschaubild der dezentralen Gesamtsystemregelung 87

6.1   Simulation: Verlauf des Sauerstoffmassenanteils und Regelfehler 90
6.2   Simulation: Verlauf der Stellgröße Massenstrom durch NDAGR-Klappe . . 91
6.3   Simulation: Verlauf der Position der NDAGR-Klappe 92
6.4   Simulation: Verlauf des Drucks vor NDAGR-Klappe und Regelfehler . . . 93
6.5   Simulation: Verlauf der Position der Abgasklappe 94
6.6   Simulation: Verlauf des beobachteten Frischluftmassenstroms und
      Beobachterfehler 95
6.7   Simulation: Verlauf des beobachteten Abgasmassenstroms und
      Beobachterfehler 96
6.8   Motorprüfstand: Verlauf des Sauerstoffmassenanteils und Regelfehler . . . 98
6.9   Motorprüfstand: Verlauf der Stellgröße Massenstrom durch
      NDAGR-Klappe 99
6.10 Motorprüfstand: Verlauf der Position der NDAGR-Klappe 99
6.11 Motorprüfstand: Verlauf des Drucks vor NDAGR-Klappe und
      Regelfehler 100
6.12 Motorprüfstand: Verlauf der Stellgröße Massenstrom durch
      Abgasklappe 101
6.13 Motorprüfstand: Verlauf der Position der Abgasklappe 101
6.14 Motorprüfstand: Verlauf des beobachteten Frischluftmassenstroms 102
6.15 Motorprüfstand: Verlauf des beobachteten Abgasmassenstroms bei einer
      Variation von Drehzahl und Drehmoment 104
6.16 Vergleich AGR-Ratenregelung zu Sauerstoffregelung:
      Sauerstoffmassenanteil 105
6.17 Vergleich AGR-Ratenregelung zu Sauerstoffregelung: Position der
      NDAGR-Klappe 106
6.18 Vergleich AGR-Ratenregelung zu Sauerstoffregelung: Druck vor
      NDAGR-Klappe 107
6.19 Vergleich AGR-Ratenregelung zu Sauerstoffregelung:
      Abgasklappenposition 108

Tabellenverzeichnis

1.1   EU Emissionsstandards für Diesel-Personenkraftwagen   2

2.1   Kenndaten des Versuchsträgers 2.0l-135kW-TDI-Motor   24

4.1   Modellansätze zur Berechnung des Luft- und Abgaspfades   39

4.2   Beziehung zwischen Öffnungswinkel und normierter Stellposition der im Gassystem vorhandenen Klappen   44

4.3   Parameter und ihre Bedeutung   58

4.4   Identifizierte Parameter der Verzögerungsglieder   63

5.1   Regelgesetze der einzelnen Varianten und ihre Aufteilung   82

Abkürzungsverzeichnis

AdBlue	Harnstoff-Wasser-Lösung, Markenname
AGR	Abgasrückführung
AKL	Abgasklappe
AÖ	Auslass-Öffnen
AS	Auslass-Schließen
ATL	Abgasturbolader
CAN	Controller Area Network
DKL	Drosselklappe
DPF	Dieselpartikelfilter
ECU	Electronic Control Unit
EÖ	Einlass-Öffnen
ES	Einlass-Schließen
ETK	Emulator-Tast-Kopf
HFM	Heißfilm-Luftmassenmesser
HiL	Hardware-in-the-Loop
HDAGR	Hochdruck-Abgasrückführung
iAGR	Innere Abgasrückführung
IMC	Internal-Model Control
INCA	Integrated Calibration and Application Tool
MSG	Motorsteuergerät
NDAGR	Niederdruck-Abgasrückführung
NGK	NGK Spark Plug Co., Ltd.
NSC	NO_x-Speicherkatalysator
OBD	On-Board-Diagnose
OT	Oberer Totpunkt
RCP	Rapid Control Prototyping
RDE	Real Driving Emission

RSG	Riemen-Starter-Generator
SCR	Katalysator mit selektiver katalytischer Reduktion
VTG	Variable Turbinengeometrie
VVT	Variabler Ventiltrieb
WLTP	Worldwide Harmonized Light Vehicle Test Procedure

Symbolverzeichnis

Lateinische Formelzeichen

Abkürzung Bedeutung

a	Koeffizient eines Polynoms
A	Fläche
b	Koeffizient eines Zähler-Polynoms
c	Wärmekapazität
C	Durchflussfaktor
e	Fehler
f_s	Sensorkennlinie
F	Faraday-Konstante
h	Spezifische Enthalpie
I	Pumpstrom
J	Gütefunktional
K	Verstärkungsfaktor
L_{st}	Stöchiometrisches Luftverhältnis
m	Masse
$\dot{m}$	Massenstrom
M	Drehmoment
n	Drehzahl
p	Druck
q	Anzahl der Modelleingänge
$\dot{Q}$	Wandwärmestrom
r	Anzahl der Modellausgänge
R	Gaskonstante
s	Normierte Stellposition
t	Zeit
T	Zeitkonstante eines Systems
u	Innere Energie
U_{Nernst}	Nernst-Spannung

v	Strömungsgeschwindigkeit
V	Volumen
x	Rate
z	Anzahl

Griechische Formelzeichen

Abkürzung   Bedeutung

α	Winkel
δ	Systemordnung
κ	Isentropenexponent
λ	Luftverhältnis
λ_A	Luftaufwand
Π	Druckverhältnis
$\underline{\Psi}_u$	Stellgröße als Funktion des flachen Ausgangs
$\underline{\Psi}_x$	Zustandsvektor als Funktion des flachen Ausgangs
τ	Zeit für ein Arbeitsspiel
$\hat{\theta}$	Parameter
ϑ	Temperatur
ξ	Massenanteil
ξ_V	Volumenanteil

Chemische Symbole

Abkürzung   Bedeutung

CO	Kohlenmonoxid
CO_2	Kohlendioxid
HC	Kohlenwasserstoffe
NH_3	Ammoniak
N_2	Stickstoff
NO	Stickstoffmonoxid
NO_2	Stickstoffdioxid

NO_x Stickoxide (üblicherweise NO und NO_2)

O_2 Sauerstoff

ZrO_2 Zirkoniumdioxid

Symbole der Regelungstechnik

Abkürzung   Bedeutung

$\underline{A}$ Systemmatrix

$\underline{B}$ Stelleingriffsmatrix

$\underline{C}$ Ausgangsmatrix

$\underline{E}$ Störeingriffsmatrix

G Übertragungsfunktion

$\underline{K}$ Zustandsrückführmatrix

$\underline{P}$ Lösung der Matrix-Riccatigleichung

$\underline{Q}$ Wichtungsmatrix der Zustände

$\underline{Q}_B$ Beobachtbarkeitsmatrix

$\underline{Q}_S$ Steuerbarkeitsmatrix

$\underline{R}$ Wichtungsmatrix der Messung

s Komplexer Frequenzparameter

S Statisches Vorfilter

u Stellgröße

x Zustand

$\underline{x}_B$ Zustandsvektor in der Brunovský-Normalform

y Systemausgang

z Störgröße

υ Stabilisierender Eingang

Indizes

Index   Bedeutung

11   Bereich von Luftfilter bis Mischbehälter Frischluft und NDAGR

12   Von Mischbehälter Frischluft und NDAGR bis Verdichter

21	Von Drosselklappe bis Ladeluftkühler
41	Abgasnachbehandlung
42	Von Abgasnachbehandlung bis Abgasklappe bzw. NDAGR-Klappe
43	Abgasklappe
61	NDAGR-Klappe
ab	Abfließende Größen
Abg	Abgas
bez	Bezug
B	Beobachter
Beh	Behälter
d	Sollwerte (desired)
Dr	Drossel
e	Erweitert
Eff	Effektiv
f	Flach
Frc	Aufteilung
i	Laufindex für die Modelleingänge
j	Laufindex für die Modellausgänge
$Komp$	Kompensiert
Kr	Kraftstoff
lim	Begrenzt
LQR	Optimalregler
$Mess$	Messwert
Mod	Modellwert
Mot	Motor
$Norm$	Normal
$O2$	Sauerstoff
P	Druck
PV	Pol- bzw. Eigenwertvorgabe
R	Regelung
ref	Referenz
Sgr	Saugrohr

U	Umdrehung
Umg	Umgebung
V	Vorsteuerung
Z	Störgröße
zu	Zufließende Größen
Zyl	Zylinder

1 Einleitung

Seit der Einführung des Dieselmotors im Jahre 1893 ist die Entwicklung des ursprünglich von Rudolf Diesel erfundenen Brennverfahrens weit vorangeschritten. Standen anfangs eine Verbesserung des Wirkungsgrades sowie eine Leistungssteigerung im Fokus, kamen im Laufe der Zeit weitere Ziele hinzu. Aufgrund steigender Kraftstoffpreise und der Umweltbelastung durch Fahrzeuge stehen eine weitere Reduzierung des Kraftstoffverbrauchs und der damit einhergehende CO_2-Ausstoß im Fokus der Entwicklung. Studien zeigen, dass die Reichweite der Reserven von Erdöl noch etwa 40–60 Jahre reichen. Die maximale Erdölförderung wird etwa für 2020 – 2025 und danach ein schneller Abstieg der konventionellen Erdölförderung erwartet. Die weitere Reduktion des Kraftstoffverbrauchs der Fahrzeuge bekommt deshalb eine stark zunehmende Bedeutung. Hieran sind die CO_2-Emissionen direkt gekoppelt, die mit 2.32 kg/l für Benzin, 2.65 kg/l für Dieselkraftstoff und 2.2 kg/l für Autogas entstehen. Gerade der Dieselmotor muss also verbrauchsarm betrieben werden.

Ein weiterer wichtiger Entwicklungsschwerpunkt ist die Reduktion der Emissionsgrenzwerte für die bei der Verbrennung des Kraftstoffs entstehenden Kohlenstoffmonoxid CO, unverbrannte Kohlenwasserstoffe HC, Stickoxide NO_x und Partikel (PM, PN). Tabelle 1.1 zeigt die zulässigen Grenzwerte für Diesel-Pkw seit der Einführung im Jahre 1992. In der öffentlichen Diskussion wird häufig bemängelt, dass die angegebenen Werte der Fahrzeughersteller nicht mit den auf der Straße gefahrenen Werten übereinstimmen. Im September 2017 ist mit der Worldwide Harmonized Light Vehicle Test Procedure (WLTP) eine auf realen Fahrdaten basierende und weltweit abgestimmte Testprozedur eingeführt, die dieser Diskrepanz entgegen wirken soll. Zusätzlich werden Real Driving Emission (RDE) Tests eingeführt, bei denen die Emissionen der Fahrzeuge während der Fahrt gemessen werden. Diese dürfen dann für Euro 6d-T beispielsweise maximal 2.1-fach höher sein als für die jeweilige Emissionsart zulässig ist. Die Europäische Kommission verhandelt bereits über eine weitere Verschärfung der Grenzwerte und eine weitere Absenkung der Konformitätsfaktoren für zukünftige Abgasnormen.

Um den Entwicklungszielen zu begegnen, sind in den letzten Jahrzehnten eine Reihe von technischen Maßnahmen in Serie gebracht worden. So hat sich die Leistungsdichte der Verbrennungsmotoren in den letzten 20 Jahren stark vergrößert, bei Dieselmotoren z.B. von etwa 30 kW/l (1985) auf über 60 kW/l (2005) [47] bis hin zu 100 kW/l (2015). Bedingt ist dies besonders durch eine Turboaufladung mit Ladeluftkühlung. Sehr große Fortschritte wurden durch eine Direkteinspritzung beim Benzinmotor, verbunden mit Schicht-, Mager- oder Homogenbetrieb sowie durch eine Common-Rail-Dieseleinspritzung beim Dieselmotor mit sehr hohen Drücken (bis zu 2700 bar) erreicht. Das Speichereinspritzsystem Common-Rail ermöglicht, dass der Einspritzdruck unabhängig von der Motordrehzahl und der Einspritzmenge erzeugt werden kann. Ferner sind dadurch Mehrfacheinspritzungen durch die schnell ansteuerbaren Magnet- oder Piezo-Einspritzventile flexibel realisierbar, um besonders Emissionen und Geräuschabstrahlung weiter zu senken [30]. Weiterhin wurden verschiedene Systeme zur Abgasrückführung eingeführt, die zur Minimierung der Stickstoffoxide beitragen.

© Springer Fachmedien Wiesbaden GmbH, ein Teil von Springer Nature 2018
D. Schwarz, *Regelung des Dieselmotors*, AutoUni – Schriftenreihe 118,
https://doi.org/10.1007/978-3-658-21841-6_1

Tabelle 1.1: EU Emissionsstandards für Diesel-Personenkraftwagen [16–23]

Norm	Einführung	Testzyklus	RDE	CO $\frac{g}{km}$	HC+NO$_x$ $\frac{g}{km}$	NO$_x$ $\frac{g}{km}$	PM $\frac{g}{km}$	PN $\frac{\#}{km}$
Euro 1	Jul. 1992	NEFZ	-	2.72	0.97	-	0.14	-
Euro 2	Jan. 1996	NEFZ	-	1	0.7	-	0.08	-
Euro 3	Jan. 2000	NEFZ	-	0.64	0.56	0.5	0.05	-
Euro 4	Jan. 2005	NEFZ	-	0.5	0.3	0.25	0.025	-
Euro 5a	Sep. 2009	NEFZ	-	0.5	0.23	0.18	0.005	-
Euro 5b	Sep. 2011	NEFZ	-	0.5	0.23	0.18	0.0045	$6 \cdot 10^{11}$
Euro 6b	Sep. 2014	NEFZ	-	0.5	0.17	0.08	0.0045	$6 \cdot 10^{11}$
Euro 6c	Sep. 2017	WLTP	-	0.5	0.17	0.08	0.0045	$6 \cdot 10^{11}$
Euro 6d-T	Sep. 2017	WLTP	2.1	0.5	0.17	0.08	0.0045	$6 \cdot 10^{11}$
Euro 6d	Jan. 2020	WLTP	1.5	0.5	0.17	0.08	0.0045	$6 \cdot 10^{11}$

Vor dem Hintergrund der Emissionsbegrenzung gewinnt die Entwicklung neuer und besserer Abgasnachbehandlungskomponenten an Bedeutung. So sind beim Dieselmotor der Partikelfilter, ein NO$_x$-Speicherkatalysator (NSC), sowie ein Katalysator mit selektiver katalytischer Reduktion (SCR) entwickelt worden. Mit einem SCR-System werden die Stickstoffoxide durch Eindüsen einer wässrigen Harnstofflösung (AdBlue) reduziert. Spätestens mit der Einführung von RDE-Tests werden auch Testfahrten bei niedrigen Umgebungstemperaturen zulassungsrelevant sein. Die Entwicklungsaufgabe besteht also auch darin, die Komponenten der Abgasnachbehandlung möglichst schnell nach dem Motorstart auf Betriebstemperatur zu bringen.

Zukünftige Abgasgesetzgebungen sollen auch mit Hilfe der Elektrifizierung des Antriebsstrangs realisiert werden. So wird zunächst der konventionelle Verbrennungsmotor in verschiedenen Stufen hybridisiert, um die Vorteile des Verbrennungsmotors besser nutzen zu können und seine Nachteile zu kompensieren. Eine Erweiterung des konventionellen Antriebsstrangs um mechatronische bzw. elektrische Bauteile bedeutet dabei immer eine Gewichtserhöhung des gesamten Antriebsstrangs und zumeist auch eine Erhöhung der Gesamtkosten. Die Entwicklungsabteilungen aller Hersteller müssen bei jeder Entscheidung über den Einsatz einer Maßnahme zur Verbesserung des Verbrennungsmotors das Kosten-Nutzen-Verhältnis betrachten. Im Rahmen der Hybridisierung kommen Systeme wie das Start-Stopp-System, ein Riemen-Starter-Generator (RSG) [72], ein elektrischer Verdichter [57], eine Elektromaschine mit zusätzlicher Kupplung, eine Batterie sowie eine Leistungselektronik zum Einsatz. Je nach Auslegung des Antriebsstrangs kann der Verbrennungsmotor auch als Range-Extender [70], d.h. als Erzeuger von elektrischer Energie zur Aufladung einer Batterie genutzt werden. Diese bedient dann eine Elektromaschine, die den Antrieb des Fahrzeugs realisiert. Für die Konfiguration und auch für die Steuerung und Regelung des Verbrennungsmotors ergeben sich durch die Vielzahl an Einsatzzwecken eine große Variantenvielfalt. Derzeit wird über ein Verbot des verbrennungsmotorischen Betriebs innerhalb von Großstädten diskutiert. Der Verbrennungsmotor der Zukunft müsste dann soweit hybridisiert sein, dass eine gewisse Reichweite rein elektrisch realisiert werden kann.

Die Elektrifizierung geht so weit, dass heute bereits viele Hersteller reine Elektrofahrzeuge anbieten. Die Elektromobilität wird als saubere und verbrauchsgünstige Technologie angesehen. Eine geringe Reichweite der Fahrzeuge, die hohen Anschaffungskosten und die neue Technologie lassen den Kunden derzeit noch zögern, diese Fahrzeuge zu kaufen. Die Forschung und Entwicklung an Batteriesystemen läuft jedoch auf Hochtouren. Höhere Stückzahlen in der Produktion werden die Kosten weiter senken [35]. Die Politik hat ebenfalls ein Interesse an einer Erhöhung der Anzahl an Elektrofahrzeugen auf deutschen Straßen. So wurde das Ziel von einer Million Fahrzeugen für das Jahr 2020 ausgegeben [77]. Der Kauf von Elektrofahrzeugen wird seit 2016 staatlich subventioniert.

Ein Ende des Dieselmotors ist jedoch noch nicht in Sicht. Die große Reichweite bei geringem Verbrauch machen den Dieselmotor auch weiterhin attraktiv für Langstreckenfahrer. Die Entwicklung ist gefragt, die Kosten für zusätzlich benötigte Komponenten gering zu halten und die Potenziale bestmöglich auszuschöpfen. Dazu gehört auch eine gut abgestimmte Steuerung und Regelung des Motors und seiner Komponenten.

1.1 Steuerung und Regelung des Dieselmotors

Die steigende Anzahl an Komponenten führt auch beim elektronischen Steuergerät (Electronic Control Unit (ECU)) zu einem höheren Bedarf an Speicher und Rechenleistung. Zum einen wird die Software zur Ansteuerung der Komponenten immer komplexer, zum anderen steigt der Bedarf an Ein- und Ausgängen bei der Hardware durch eine Zunahme an Sensoren und Aktoren. Die Abbildung 1.1 zeigt einen Dieselmotor mit einer Auswahl an heutigen Seriensensoren und -aktoren. Das ECU verarbeitet verschiedenste Sensoren in Einspritzpumpe, Kraftstoffversorgung, Abgasrückführung, Aufladung, Umgebung und andere. Aus mehr als 25 Messgrößen werden über 20 Stellgrößen berechnet und eingestellt [30].

Damit die Anforderungen an Verbrauchsminimierung und Emissionseinhaltung erfüllt werden können, halten moderne Steuerungs- und Regelungskonzepte immer mehr Einzug in heutige Motorsteuergeräte. Bei Dieselmotoren wurde eine drehmomentorientierte Struktur eingeführt. Das bedeutet, dass das aus der Fahrpedalstellung abgeleitete gewünschte Drehmoment primär über die eingespritzte Kraftstoffmenge realisiert wird. Ergänzend dazu werden die Zylinderfüllung über die Stellung der Turbinenleitschaufeln (VTG), die Qualität der Füllung über das Abgasrückführventil oder auch die Kühlflüssigkeitstemperatur mit dem Kühlstrom-Ventil eingestellt. Nebenbedingungen wie NO_x- und Partikelemission müssen dabei stets berücksichtigt werden. Dabei werden sowohl offene Regelkreise (Steuerungen) als auch geschlossene Regelkreise eingesetzt. Steuerungen haben den Vorteil, dass Größen nicht gemessen werden müssen und dass keine Stabilitätsprobleme auftreten. Die

Sensoren

- Drehzahlgeber
  (Kurbelwelle)
- Phasengeber
  (Nockenwelle)
- Temperaturen
  (Wasser, Luft, Kraft-
  stoff, Öl, Abgas)
- Luftmengenmesser
  oder Heißfilm-
  Luftmassenmesser
- Fahrpedalstellung
- Ladedruck
- Regelwegsensor
  (Einspritzpumpe)
- Nadelbewegungs-
  sensor
- Raildrucksensor
- Lambdasonde
- NO$_x$-Sonde
- Brennraumdruck (2008)

→ ca. 15-20 Messgrößen
→ ca. 5-9 Haupt-Stellgrößen
→ ca. 50-150 Kennfelder, Kennlinien
→ Adaptive Korrekturen

Aktoren

- Einspritzung:
  - elektronisch gesteuerte
    Einspritzung (1986)
  - Direkteinspritzung mit
    ca. 900 bar (1989)
  - Common-Rail mit ca.
    1500 bar (1997), 2000 bar (2008)
  - Piloteinspritzung (1991)
- Injektoren:
  - druckgesteuert
  - Magnetventil
  - Piezoventil (2003)
- AGR-Ventil
- Drallklappensteller
- Turbolader-Steller:
  - Wastegate (1978)
  - VTG-Steller (1992)
  - Duplex-Turbolader (2006)
- Glühstiftkerze
  (Schnellstartkerze 1986)

Abbildung 1.1: Sensoren und Aktoren eines Dieselmotors [30]

Steuerungsfunktionen müssen jedoch sehr genau an die Motoren angepasst sein, was Zusatz-
steuerungen in Abhängigkeit einer größeren Anzahl von Einflussgrößen, wie z.B. Drehzahl,
Luftdruck und -temperatur, Öl- und Kühlwassertemperatur erforderlich macht [30]. Durch
einen geschlossenen Regelkreis kann die Zielgröße genauer eingestellt werden. Vor allem
bei Änderungen im System wie Verschleiß oder Verschmutzung wird die Stellgröße zur
Einhaltung der Regelgröße angepasst.

Beim Dieselmotor kann die Einspritzmenge aufgrund der elektrischen Ansteuerung der Ein-
spritzventile bei einer Änderung des Motorbetriebspunktes schnell angepasst werden. Die
erforderliche Zylinderfüllung sowie Gasqualität hingegen ist wegen der Trägheit von Turboladern weniger dynamisch. Üblicherweise wird deshalb in Beschleunigungsphasen die
Einspritzmenge begrenzt (Rauchbegrenzung), um zu geringen Luftüberschuss und damit
Rußbildung zu vermeiden [10]. Dynamische Vorsteuerungen können hingegen eine schnel-
lere Konditionierung der Zylinderfüllung bewirken [32]. Insgesamt enthalten die Motorsteuergeräte weit mehr als 150 Kennlinien und -felder, die für gegebene Motoren, auch in
Abhängigkeit vom jeweiligen Bau- und Entwicklungszustand, im Rahmen der Applikation
angepasst werden müssen. Neben diesen Hauptsteuerungen und -regelungen sind noch eine
Vielzahl an unterlagerten oder ergänzenden Regelungen und Steuerungen realisiert, wie z.B.
Positionsregelungen für die Stellventile von Luftstrom, AGR und Turbolader, den Nocken-
wellenwinkel und Druckregelungen für die Kraftstoffzufuhr und Schmieröl. Für besondere
Betriebszustände kommen noch Leerlaufdrehzahlregelung und Warmlaufregelung, Sekun-
därluftsteuerung und Katalysatorheizungsregelung hinzu.

Ein Teil der komplexen Motorsteuerung und -regelung stellt die Einstellung der Luftquali-
tät im Zylinder des Dieselmotors dar. Durch Abgasrückführung (AGR) wird Abgas in den

Frischluftpfad gebracht, um den Sauerstoffgehalt der angesaugten Luft zu verringern und damit die NO_x-Bildung einzudämmen. Mittlerweile sind viele verschiedene Systeme zur Abgasrückführung in Serie gebracht worden. Dazu gehören die Rückführung von Abgas vor dem Abgasturbolader (ATL) (Hochdruck-Abgasrückführung (HDAGR)), die Rückführung nach dem ATL (Niederdruck-Abgasrückführung (NDAGR)) oder zwischen zwei ATLs (Mitteldruck-AGR) sowie Maßnahmen zur Realisierung einer internen AGR (iAGR) wie frühes Auslassschließen oder Abgasvorlagern bzw. -rücksaugen [38].

Die Klappen zur Einstellung von NDAGR bzw. HDAGR stellen mechatronische Komponenten dar, die mit Hilfe geeigneter Steuerungs- und Regelungsstrukturen bedient werden. Dabei sind Anforderungen an Robustheit, Dynamik und Entkopplung zu anderen Stellgrößen zu erfüllen. Zusätzlich sollten im Falle einer Regelung geeignete Sensoren zur Überprüfung der Regelgröße installiert werden.

1.2 Stand der Technik und Literaturdiskussion

Die Arbeiten im Kontext der Modellbildung und Steuerung bzw. Regelung der AGR sind so vielfältig und komplex wie die Systeme zur Realisierung der AGR. Die Auswahl eines AGR-Systems, die Auswahl geeigneter Sensoren zur Modellierung benötigter Größen sowie die Wahl von Führungsgrößen für ein optimiertes Steuerung- oder Regelungskonzept spielen eine entscheidende Rolle bei der Beantwortung der Fragen nach Emissionseinhaltung und Verbrauchsminimierung. Es folgt eine Beschreibung interessanter Arbeiten, die verschiedene Modellansätze, Führungsgrößen und Steuerungsansätze diskutieren.

Larink untersucht in [42] ein ganzheitliches Konzept zur Regelung des Motorgassystems auf Basis des gemessenen Zylinderdrucks. Als Führungsgrößen der Mehrgrößenstrecke werden die Zylinderfüllung sowie die Abgasrückführrate verwendet. Zur Realisierung der AGR kommt eine HDAGR zum Einsatz. Die Streckenübertragungsfunktionen werden mit Hilfe der Methode der erweiterten Quadrate empirisch ermittelt. Die Regelung besteht aus einem adaptiven PID-Regler mit statischer Entkopplung. Zur Vorsteuerung wird eine kennfeldbasierte Methode verwendet. Larink zeigt damit einen modellbasierten Lösungsansatz zur Bestimmung von nicht bzw. nur schwer messbaren Zylinderzuständen. Das empirisch ermittelte komplexe Mehrgrößenmodell bildet die auftretende Dynamik ab und wird mit einer linearen Regelungsstruktur bedient.

Auch Nöthen befasst sich in [50] mit der Entwicklung einer ganzheitlichen Regelungsstruktur für einen aufgeladenen Dieselmotor. Im Unterschied zu Larink kommen hier auch eine NDAGR-Strecke sowie ein variabler Ventiltrieb zum Einsatz, wodurch die Komplexität des Systems erhöht ist. Die physikalischen Beziehungen der Rohrleitungen innerhalb der NDAGR-Strecke werden über die Füll- und Entleermethode (Vgl. [78]) als Differentialgleichungen 1. Ordnung beschrieben. Nöthen wählt ebenfalls die Zylinderfüllung und die AGR-Rate als Führungsgrößen für eine Regelungsstruktur mit modellbasierter Vorsteuerung und linearen PI-Reglern.

Knippschild kombiniert in [37] die Ansätze von Larink und Nöthen zu einer zylinderindividuellen Regelung des Gaszustands mit der Erweiterung um einen vollvariablen Ventiltrieb. Neben der Zylinderfüllung wird hier jedoch anstelle der AGR-Rate erstmals der Sauerstoffgehalt im Zylinder als zweite Führungsgröße gewählt. Knippschild bewertet den Sauerstoffgehalt als geeignetere Regelgröße gegenüber der AGR-Rate, unter anderem aufgrund der fehlenden Berücksichtigung des Restsauerstoffgehalts im Abgas durch die AGR-Rate. Der Sauerstoffgehalt wird aus einer Vielzahl an Seriensensoren über physikalische Beziehungen modelliert.

Bessai stellt in [43] eine Einlass-O_2-Regelung zur transienten NO_x-Reduzierung vor. Dabei wird eine Kombination aus HDAGR und NDAGR verwendet. Anstelle eines O_2-Sensors wird ein Einlass-O_2-Modell vorgestellt. Bessai erkennt, dass der Sauerstoffgehalt als Führungsgröße gegenüber der AGR-Rate im transienten Motorbetrieb Vorteile hinsichtlich der NO_x-Rohemissionen aufzeigt, währenddessen stationär kein Unterschied auszumachen ist. Das Regelungskonzept besteht aus einer modellbasierten Vorsteuerung in Kombination mit einem PID-Regler für die Führungsgröße Sauerstoffgehalt. Als Stellgröße wird in dieser Arbeit jedoch die Modellgröße AGR-Rate verwendet, wodurch sich eine kaskadierte Regelungsstruktur ergibt.

Neben linearen Regelungsansätzen halten auch mehr und mehr komplexere Regelungskonzepte Einzug in das Motormanagement. Dabei werden beispielsweise zur nichtlinearen Regelung der Aufladung und Abgasrückführung folgende Ein- und Mehrgrößenkonzepte verfolgt: Flachheitsbasierte SISO-Folgeregelung [39, 48], MIMO-Regelung mit statischer Entkopplung [41, 63], MISO-Regelung nach dem Mid-Ranging-Prinzip [76] sowie Ansätze zum Internal-Model Control (IMC) [2, 65, 66]. Des Weiteren umfassen robuste Zustandsregelungen Optimalregelungen mit linear-parametervariantem Modellansatz [8, 34], Sliding-Mode Control [71], Model-Predictive Control [58, 61] und Constructive Lyapunov Control [33]. Auch im Bereich der Fuzzy-basierten Theorie sind Ansätze [3, 68] zu verzeichnen.

1.3 Zielsetzung und inhaltliche Gliederung

In dieser Arbeit wird der Sauerstoffmassenanteil als neue Führungsgröße eines zukünftigen Dieselmotormanagements betrachtet. Damit soll die These untersucht werden, durch den Sauerstoffmassenanteil die Qualität der Zylinderfüllung im transienten Motorbetrieb besser beschreiben zu können, als es durch die viel verwendete AGR-Rate möglich ist. Nach der Beschreibung des Aufbaus, der Emissionsbildung sowie der Steuerung eines heutigen Dieselmotors mit variablen Ventiltrieb ist die Arbeit in drei Themenschwerpunkte gegliedert, deren Zusammenhang in Abbildung 1.2 dargestellt ist. Der erste Punkt behandelt den Sensor, der die Information über den Sauerstoffmassenanteil in der Ansaugluft liefert. Hier werden verschiedene Parameter wie die optimale Einbauposition des Sensor in der Ansaugstrecke sowie der Umgang mit Umgebungsbedingungen wie Temperatur und Druck diskutiert. Zudem wird eine modellbasierte Kompensation der Druckabhängigkeit des Messsi-

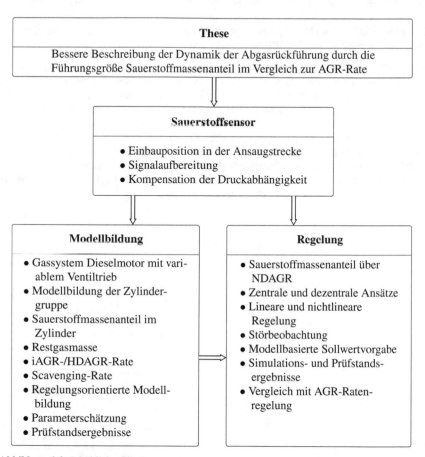

Abbildung 1.2: Inhaltliche Gliederung

gnals vorgestellt. Der druckkompensierte Sauerstoffmassenanteil bildet die Grundlage der beiden anderen Themen.

Im zweiten Abschnitt werden verschiedene Modelle des Gassystems des Dieselmotors vorgestellt. Hierbei steht die Echtzeitfähigkeit der Modelle im Vordergrund. Neben der Modellierung der Zylinderfüllung wird hier ein Ansatz zur Bestimmung des Sauerstoffmassenanteils im Zylinder auf Basis von Sensorsignalen außerhalb des Zylinders vorgestellt. Dieses Mittelwertmodell berücksichtigt dabei sowohl Hochdruck-Abgasrückführung als auch interne Abgasrückführung oder Scavenging, die mit einem variablen Ventiltrieb möglich sind. Die Güte der Modelle wird anhand von Messungen an einem Motorprüfstand bewertet. Der zweite Abschnitt behandelt zusätzlich eine regelungsorientierte Modellbildung der

Niederdruck-Abgasrückführung. Die Modellbildung schließt mit einer Schätzung der Parameter über modellbasierte Identifikationsverfahren.

Im dritten Abschnitt werden verschiedene Ansätze zur Regelung des gemessenen Sauerstoffmassenanteils über die Niederdruck-Abgasrückführung vorgestellt. Hierbei bildet ein zentraler Ansatz den Ausgangspunkt zur Modellreduktion und Entkopplung in einen dezentralen Ansatz geringer Ordnung. Es werden sowohl lineare als auch nichtlineare Regelungsansätze vorgestellt und miteinander verglichen. Zur Erfassung auftretender Störungen werden robuste Beobachter eingesetzt und bewertet. Zudem wird eine modellbasierte Kopplung der dezentralen Regler vorgestellt. Sämtliche Untersuchungen werden sowohl in einem Simulationsmodell als auch am Motorenprüfstand getestet und bewertet. Abschließend wird ein Vergleich der Regelung des Sauerstoffmassenanteils mit der Regelung der AGR-Rate angestellt um die eingangs aufgestellte These zu bewerten.

2 Grundlagen

In diesem Kapitel sollen zunächst einige grundlegende Begriffe und Funktionsweisen des Dieselmotors beschrieben werden. Anschließend folgt ein Abschnitt zum Motormanagement aktueller Dieselmotoren. Danach wird die verwendete Entwicklungsumgebung beschrieben.

2.1 Dieselmotor

Der konventionelle dieselmotorische Verbrennungsprozess ist durch eine heterogene Gemischbildung und Verbrennung gekennzeichnet. In modernen Dieselmotoren wird der Brennstoff in der Regel kurz vor dem oberen Totpunkt direkt in die hochverdichtete Luft im Brennraum eingespritzt. Der in den Brennraum eintretende flüssige Brennstoff wird in kleine Tropfen zerstäubt, verdunstet und mit Luft gemischt, so dass sich ein heterogenes Gemisch aus Brennstoff und Luft ergibt. Die Verbrennung wird durch die hohen Temperaturen und Drücke durch einen Selbstzündungsprozess eingeleitet. Beim konventionellen Dieselbrennverfahren steht üblicherweise nur eine sehr kurze Zeitspanne zur Gemischbildung zur Verfügung. Eine schnelle Einspritzung und gute Zerstäubung des Brennstoffs sind deshalb Voraussetzung für eine schnelle und gute Durchmischung von Brennstoff und Luft. Die Last des Motors wird durch die Menge des eingespritzten Brennstoffs bestimmt, der Brennbeginn durch den Einspritzbeginn. Dieselmotoren werden üblicherweise mit einem global mageren Luftverhältnis betrieben. Die direkte Einspritzung führt jedoch zu unterschiedlichen Gemischbereichen, die zwischen sehr mageren über stöchiometrischen bis zu sehr fetten Gemischverhältnissen variieren. Diese Gemischschichtung führt unvermeidlicherweise zur Bildung von Schadstoffemissionen, insbesondere von Rußpartikeln und Stickoxiden. Die dieselmotorische Verbrennung ist durch eine turbulente, reaktive Mehrphasenströmung geprägt. Die einzelnen Teilprozesse, wie Strahlzerfall, Tropfendynamik, Phasenübergang, Zündung, Verbrennung und Schadstoffbildung laufen weitgehend simultan ab und stehen in Wechselwirkung miteinander [47].

2.1.1 Einspritzung

Im Gegensatz zur früher verwendeten Einspritzung in eine Vor- oder Wirbelkammer wird heute nahezu ausschließlich die direkte Einspritzung in den Brennraum eingesetzt. Dabei ist der Brennraum als Mulde im Kolben untergebracht. Die Form der Mulde beeinflusst das Brennverfahren in entscheidendem Maße. Der Brennstoff wird durch eine meist zentral angeordnete Mehrlochdüse eingespritzt. Hohe Einspritzdrücke und viele kleine Bohrungen in der Einspritzdüse sorgen für eine effiziente Gemischbildung, die durch eine Drallströmung der Brennraumgase unterstützt wird. Der Wunsch nach immer kleineren Bohrungen zur

© Springer Fachmedien Wiesbaden GmbH, ein Teil von Springer Nature 2018
D. Schwarz, *Regelung des Dieselmotors*, AutoUni – Schriftenreihe 118,
https://doi.org/10.1007/978-3-658-21841-6_2

Realisierung weiterer Emissionsvorteile in der Teillast hat in der Vergangenheit zu einer Zu-nahme der maximalen Einspritzdrücke von zurzeit über 2500 bar geführt. Der eingespritzte Brennstoff sollte dabei möglichst nicht auf die relativ kalte Kolbenwand treffen, weil da-durch die Verdampfung und anschließende Gemischbildung verzögert und die Bildung von HC-Emissionen begünstigt werden. Die direkten Einspritzverfahren haben im Vergleich zu den indirekten einen deutlich geringeren spezifischen Brennstoffverbrauch, wegen der ho-hen Druckanstiegsgeschwindigkeiten zu Beginn der Verbrennung jedoch ein wesentlich stär-keres Verbrennungsgeräusch. Die gesamte Energie für die Vermischung von Brennstoff und Luft wird zum großen Teil durch die Einspritzstrahlen in den Brennraum eingebracht, wo-durch ein erheblich höherer Einspritzdruck erforderlich wird. Für Fahrzeugdieselmotoren sind auch noch höhere Einspritzdrücke permanent in der Diskussion.

Bei Einspritzsystemen wird zwischen konventionellen nockengetriebenen Systemen sowie Common-Rail-(Speicher)Einspritzsystemen unterschieden. Bei den nockengetriebenen Ein-spritzsystemen sind die Druckerhöhung und die Mengendosierung mechanisch gekoppelt. Der Nocken bewegt den Plunger des Pumpenelements, der seinerseits ein Brennstoffvolu-men komprimiert. Der dadurch ansteigende Druck öffnet ein Ventil gegen die Federkraft und gibt damit die Zuleitung frei. Im Gegensatz dazu sind die Druckerhöhung und die Mengendosierung beim Common-Rail-Einspritzsystem vollständig getrennt. Mittels einer mechanisch oder elektrisch angetriebenen Hochdruckpumpe wird kontinuierlich Brennstoff in einen Hochdruckspeicher (Common-Rail) gefördert. Mit einem elektronisch gesteuerten Injektor wird Brennstoff aus dem Druckspeicher entnommen und in den Brennraum einge-spritzt [47].

2.1.2 Abgasrückführung und Aufladung

Zusammen mit der Optimierung der Einspritzung stellt die Abgasrückführung und die Auf-ladung bzw. die Erhöhung des Ladedrucks das wichtigste Mittel zur Schadstoffreduktion des dieselmotorischen Brennverfahrens dar. Bei der Abgasrückführung wird ein Teil der Verbrennungsprodukte, d.h. insbesondere Kohlenstoffdioxid und Wasser, zusammen mit Stickstoff und in der Verbrennung nicht umgesetztem Sauerstoff, einem späteren Verbren-nungszyklus erneut zugeführt. Das zurückgeführte Abgas verändert die Verbrennung durch chemische, thermische und Verdünnungseffekte. Der thermische Effekt der AGR ist auf die höheren spezifischen Wärmekapazitäten von Kohlenstoffdioxid und Wasser im Vergleich zur Luft zurückzuführen. Die höheren Wärmekapazitäten führen zu einem Absinken von Verdichtungsend- und Verbrennungstemperatur. Natürlich besteht, abhängig von Ladeluft- und AGR-Kühler, auch ein direkter Temperatureffekt durch die AGR. Die veränderten Tem-peraturen führen zum einen zu einer Änderung der Zündverzugszeit und damit zu einer Verschiebung der Anteile der initial-vorgemischten und der mischungskontrollierten Ver-brennung. Zum anderen beeinflussen die Temperaturen stark die Reaktionsrate der thermi-schen Stickoxidbildung, aber auch die Bildung und Oxidation von Rußpartikeln. Die mit Abstand stärkste Wirkung der AGR geht auf den Verdünnungseffekt zurück [40]. Dieser re-duziert die Sauerstoffkonzentration im Verbrennungsgas. Zur Umsetzung einer bestimmten

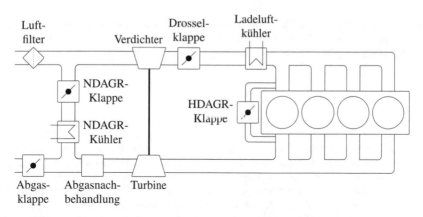

Abbildung 2.1: Schematische Darstellung des Luft- und Abgaspfads eines Dieselmotors

Brennstoffmenge muss daher eine größere Menge Gemisch aufgeheizt werden, wodurch die Verbrennungstemperaturen und damit die thermale Stickoxidbildung reduziert werden.

Es gibt mehrere Methoden, das Abgas zurückzuführen. Bei der Hochdruck-Abgasrückführung wird, ein entsprechendes Druckgefälle vorausgesetzt, Abgas vor der Turbine entnommen und der Frischluft an einer Stelle hinter dem mechanischen Verdichter zugeführt [47]. Die HDAGR wird gekühlt oder ungekühlt in den Motor zurückgeführt. Die HDAGR ist hauptsächlich in der Warmlaufphase nach einem Kaltstart aktiv. Sie sorgt für eine höhere Ansauglufttemperatur und verbessert dadurch das Brennverhalten. In der Folge erhöht sich die Abgastemperatur, wodurch Oxidationskatalysator und NO_x-Speicherkatalysator schneller ihre Betriebstemperatur erreichen. Bei Bedarf kann auch im niedrigen Schwachlastbetrieb oder im Schub Abgas über die Hochdruck-Abgasrückführung zugemischt werden. Damit wird verhindert, dass die Komponenten der Abgasnachbehandlung bei betriebswarmem Motor auskühlen [73].

Bei der Niederdruck-Abgasrückführung wird ein Teil des Abgases nach der Turbine abgezweigt und über eine Klappe der Ansaugluft vor dem Verdichter zugeführt. Die NDAGR ist in nahezu allen Betriebsbereichen aktiv [73]. Der Vorteil der NDAGR gegenüber der HDAGR besteht darin, dass die Abgase kühler und frei von Partikeln sind. Zusätzlich wird der gesamte Abgasmassenstrom vor der Turbine des Abgasturboladers beibehalten, wodurch dieser besser anspricht. Vor allem im Teillastbetrieb sind höhere Ladedrücke möglich. Ein weiterer Vorteil ist, dass der Kühler der Abgasrückführung nicht versottet, da das Abgas von Kohlenwasserstoffen und Rußpartikeln gereinigt ist. Die Abbildung 2.1 zeigt beispielhaft einzelne Komponenten des Luft- und Abgaspfads eines heutigen Dieselmotors mit ungekühlter HDAGR und gekühlter NDAGR. Desweiteren kann Abgas, beispielsweise durch einen variablen Ventiltrieb (siehe Abschnitt 2.1.6) im Zylinder gehalten werden.

Eine Kombination von AGR, hohem Lade- und Raildruck kann zu besonders niedrigen Schadstoffemissionen führen. Allerdings ist zu beachten, dass andere Nachteile, wie beispielsweise eine Erhöhung des Verbrennungsgeräusches, auftreten können [47].

2.1.3 Emissionen im transienten Betrieb

Die vorangegangenen Betrachtungen des Emissionsverhaltens von Dieselmotoren beziehen sich alle auf den stationären Motorbetrieb. Die Vorgänge im Luftpfad, Zylinder und im Kraftstoffsystem sind dabei zwar an sich transient, verändern sich von Zyklus zu Zyklus jedoch nur wenig. Bei der Zertifizierung und im realen Betrieb ist aber das transiente Betriebsverhalten des Motors entscheidend. Die Temperatur der den Brennraum begrenzenden Wände, die Zusammensetzung, Menge und Temperatur des Zylindergases und Einspritzparameter können im transienten Betrieb stark von den im stationären Betrieb idealen Bedingungen abweichen. Der Kraftstoffpfad kann in der Regel relativ schnell an geänderte Lastanforderungen und Drehzahlen angepasst werden. Insbesondere besteht die Möglichkeit, die Einspritzmenge, die Schwerpunktlage, das Einspritzmuster (Anzahl und Lage der Einspritzungen) und je nach Flexibilität des Einspritzsystems auch die Form der Einspritzrate von Zyklus zu Zyklus zu variieren. Die Anpassung des Einspritzdrucks hängt bei Common-Rail-Systemen von der Leistung der Hochdruckpumpe ab. Je nach Länge der Leitungen und Auslegung der Regler ist bei Hochdruck-Abgasrückführung eine relativ schnelle Anpassung der Menge an zurückgeführtem Abgas möglich. Das transiente Verhalten im Luftpfad hängt stark von der Aufladegruppe (Wastegate- oder VTG-Lader, zweistufige Aufladung) ab, ist in der Regel jedoch deutlich träger. Die unterschiedlichen Zeitskalen von Kraftstoff- und Luftpfad führen dazu, dass in einzelnen Zyklen zu hohe oder zu niedrige Ladedrücke und AGR-Raten und damit zu hohe oder niedrige Luftverhältnisse vorliegen, was sich stark auf die Emissionen auswirkt. Daher ist bei der Entwicklung eines Dieselmotors auf Basis der Auslegung für den Stationärbetrieb eine aufwendige Auslegung von Reglern und Verbrennungsparametern für den transienten Betrieb notwendig [47].

2.1.4 Schadstoffbildung

Bei der vollständigen Verbrennung eines nur aus C- und H-Atomen bestehenden Brennstoffs enthält das Abgas die Komponenten Sauerstoff (O_2), Stickstoff (N_2), Kohlendioxid (CO_2) und Wasserdampf (H_2O). Bei der realen Verbrennung treten zusätzlich zu diesen Bestandteilen auch als Produkte der unvollständigen Verbrennung Kohlenmonoxid (CO) und Kohlenwasserstoffe (HC) sowie die unerwünschten Nebenprodukte Stickoxide (NO_x) und Partikel auf [46]. Im Gegensatz zu diesen gesundheitsschädlichen Stoffen wird das für den Treibhauseffekt mitverantwortliche CO_2 nicht als Schadstoff angesehen, da es keine direkte Gefahr für die Gesundheit des Menschen darstellt und als Endprodukt jeder vollständigen Oxidation eines Kohlenwasserstoffs auftritt. Eine Reduktion von CO_2 im Abgas ist daher nur durch eine Verbrauchsreduzierung oder durch einen veränderten Brennstoff, der bezogen auf seinen Heizwert einen geringeren Kohlenstoffanteil aufweist, zu erreichen. Es werden die Begriffe vollständige und unvollständige sowie vollkommene und unvollkommene

Verbrennung unterschieden. Für Luftverhältnisse $\lambda \geq 1.0$ ist genügend Sauerstoff vorhanden, um den Brennstoff theoretisch vollständig zu verbrennen. Tatsächlich läuft jedoch bei solchen Luftverhältnissen die Verbrennung auch unter idealen Bedingungen maximal bis zum chemischen Gleichgewicht, also immer unvollständig ab. Dadurch liegen nach der Verbrennung auch bei ausreichendem Sauerstoffangebot immer gewisse Mengen an CO und unverbrannten Kohlenwasserstoffen vor. Bei Luftverhältnissen $\lambda < 1.0$ kann der Brennstoff infolge von O_2-Mangel nicht vollständig verbrennen. Unter idealen Bedingungen läuft die Verbrennung erneut unvollständig und bestenfalls bis zum chemischen Gleichgewicht ab. Bei allen Luftverhältnissen kann die Verbrennung darüber hinaus unvollkommen erfolgen, da beispielsweise der Sauerstoff nicht ideal mit dem Brennstoff gemischt ist oder da bestimmte Reaktionen so langsam ablaufen, dass das chemische Gleichgewicht nicht erreicht wird. Die Bildung von CO, HC und NO_x ist in erster Linie vom lokalen Luftverhältnis λ und der damit gekoppelten Verbrennungstemperatur abhängig. Während CO und HC als Produkte der unvollständigen Verbrennung bei fettem Gemisch ($\lambda < 1.0$) ansteigen, wird die NO_x-Bildung durch eine hohe Temperatur bei ausreichendem Sauerstoffangebot begünstigt ($\lambda \approx 1.1$). Bei magerem Gemisch ($\lambda > 1.2$) sinkt die Verbrennungstemperatur, sodass die NO_x-Emissionen abfallen und die HC-Emissionen ansteigen [47].

2.1.5 Abgasnachbehandlung

Damit zukünftige Emissionsgrenzwerte eingehalten werden können, ist eine effiziente Kombination aus innermotorischen und außermotorischen Maßnahmen nötig. Analog zur bewährten Vorgehensweise bei Benzinfahrzeugen werden deshalb auch für Dieselfahrzeuge verstärkt Systeme zur Abgasnachbehandlung entwickelt. Für Benzinfahrzeuge wurde in den 1980er-Jahren der Dreiwegekatalysator eingeführt, der NO_x mit HC und CO zu Stickstoff reduziert. Der Dreiwegekatalysator wird bei einem λ-Wert um 1 betrieben. Für den mit Luftüberschuss arbeitenden Dieselmotor kann der Dreiwegekatalysator nicht zur NO_x-Reduktion eingesetzt werden, da im mageren Dieselabgas die HC- und CO-Emissionen am Katalysator bevorzugt nicht mit NO_x reagieren, sondern mit dem Restsauerstoff aus dem Abgas. Die Beseitigung der HC- und CO-Emissionen aus dem Dieselabgas kann vergleichsweise einfach durch einen Oxidationskatalysator erfolgen, während sich die Entfernung der Stickoxide in Anwesenheit von Sauerstoff aufwändiger gestaltet. Grundsätzlich möglich ist die Entstickung mit einem NO_x-Speicherkatalysator (NSC) oder einem Katalysator mit selektiver katalytischer Reduktion (SCR).

Der NSC baut die Stickoxide in zwei Schritten ab: In der Beladungsphase erfolgt eine kontinuierliche NO_x-Einspeicherung in die Speicherkomponenten des Katalysators im mageren Abgas. Während der Regeneration erfolgt dann eine periodische NO_x-Ausspeicherung und Konvertierung im fetten Abgas. Die Beladungsphase dauert betriebspunktabhängig 30 bis 300 s, die Regeneration des Speichers erfolgt in 2 bis 10 s [55]. Die Speicherung ist nur in einem materialabhängigen Temperaturintervall des Abgases zwischen 250 und 450 °C optimal. Die Speicherkatalysatoren besitzen jedoch auch im Niedertemperaturbereich eine kleine Speicherfähigkeit (Oberflächenspeicherung), die ausreicht, um die beim Startvorgang im niedrigen Temperaturbereich entstehenden Stickoxide in hinreichendem Maße zu speichern.

Mit zunehmender Menge an gespeicherten Stickoxiden nimmt die Fähigkeit des Katalysators, weiterhin Stickoxide zu binden, ab. Dadurch steigt die Menge an Stickoxiden, die den Katalysator passieren, mit der Zeit an. Wann der Katalysator so weit beladen ist, dass die Einspeicherphase beendet werden muss, kann über zwei Methoden erkannt werden:

• Ein modellgestütztes Verfahren berechnet unter Berücksichtigung des Katalysatorzustands die Menge der eingespeicherten Stickoxide und daraus das verbleibende Speichervermögen.

• Ein NO_x-Sensor hinter dem NSC misst die Stickoxidkonzentration im Abgas und bestimmt so den aktuellen Beladungsgrad.

Am Ende der Einspeicherphase muss der Katalysator regeneriert werden, d.h. die eingelagerten Stickoxide müssen aus der Speicherkomponente entfernt und in die Komponenten N_2 und CO_2 konvertiert werden. Dazu muss im Abgas Luftmangel (fett, $\lambda < 1$) eingestellt werden. Es gibt zwei Verfahren, das Ende der Ausspeicherphase zu erkennen:

• Das modellgestützte Verfahren berechnet die Menge der noch im NSC vorhandenen Stickoxide.

• Eine Lambdasonde hinter dem Katalysator misst den Sauerstoffüberschuss im Abgas und zeigt eine Spannungsänderung von „mager" nach „fett", wenn die Ausspeicherung beendet ist.

Bei Dieselmotoren können fette Betriebsbedingungen u.a. durch Späteinspritzung und Ansaugluftdrosselung eingestellt werden. Der Motor arbeitet während dieser Phase mit einem schlechteren Wirkungsgrad. Um den Kraftstoffmehrverbrauch gering zu halten, sollte die Regenerationsphase möglichst kurz im Verhältnis zur Einspeicherphase gehalten werden. Beim Umschalten von Mager- auf Fettbetrieb sind uneingeschränkte Fahrbarkeit sowie Konstanz von Drehmoment, Ansprechverhalten und Geräusch zu gewährleisten [55].

Der Katalysator mit selektiver katalytischer Reduktion arbeitet im Unterschied zum NSC-Verfahren kontinuierlich und greift nicht in den Motorbetrieb ein. Dadurch ist es möglich, niedrige NO_x-Emissionen bei gleichzeitig geringem Kraftstoffverbrauch zu gewährleisten. Die SCR beruht darauf, dass ausgewählte Reduktionsmittel in Gegenwart von Sauerstoff selektiv Stickoxide reduzieren. Selektiv bedeutet hierbei, dass die Oxidation des Reduktionsmittels bevorzugt (selektiv) mit dem Sauerstoff der Stickoxide und nicht mit dem im Abgas wesentlich reichlicher vorhandenen molekularem Sauerstoff erfolgt. Ammoniak (NH_3) hat sich hierbei als das Reduktionsmittel mit der höchsten Selektivität bewährt [55]. Ammoniak wird mit der Trägersubstanz Harnstoff als zu dosierende Harnstoff-Wasser-Lösung, Markenname (AdBlue), dem Abgas zugegeben. Wird mehr Reduktionsmittel dosiert als bei der Reduktion mit NO_x umgesetzt wird, so kann es zu einem unerwünschten NH_3-Schlupf kommen. NH_3 ist gasförmig und hat eine sehr niedrige Geruchsschwelle (15 ppm). Die Entfernung des NH_3 kann durch einen zusätzlichen Oxidationskatalysator hinter dem SCR-Katalysator erzielt werden. Darüber hinaus ist eine sorgfältige Applikation der AdBlue-Dosierung unerlässlich.

Die von einem Dieselmotor emittierten Rußpartikel können durch Dieselpartikelfilter (DPF) effizient aus dem Abgas entfernt werden. Die bisher bei Pkw eingesetzten Partikelfilter bestehen aus porösen Keramiken. Keramische Partikelfilter bestehen im Wesentlichen aus einem Wabenkörper, der aus Siliziumkarbid oder Cordierit ist und eine große Anzahl von parallelen, meist quadratischen Kanälen aufweist. Benachbarte Kanäle sind an den jeweils gegenüberliegenden Seiten durch Keramikstopfen verschlossen, sodass das Abgas durch die porösen Keramikwände hindurchströmen muss. Beim Durchströmen der Wände werden die Rußpartikel zunächst durch Diffusion zu den Porenwänden (im Inneren der Keramikwände) transportiert, an denen sie haften bleiben (Tiefenfilterung). Bei zunehmender Beladung des Filters mit Ruß bildet sich auch auf den Oberflächen der Kanalwände (auf der den Eintrittskanälen zugewandten Seite) eine Rußschicht, welche eine sehr effiziente Oberflächenfilterung für die folgende Betriebsphase bewirkt. Eine übermäßige Beladung muss jedoch verhindert werden. Durch die großen Eingangskanäle lässt sich das Speichervermögen des Partikelfilters für Asche sowie nicht brennbare Rückstände aus verbranntem Motoröl erheblich erhöhen. Keramische Filter erreichen einen Rückhaltegrad von mehr als 95 % für Partikel des gesamten relevanten Größenspektrums (10 nm bis 1 μm). Bei diesen geschlossenen Partikelfiltern durchströmt das gesamte Abgas die Porenwände [55]. Partikelfilter müssen von Zeit zu Zeit von den anhaftenden Partikeln befreit, d.h. regeneriert werden. Durch die anwachsende Rußbeladung des Filters steigt der Abgasgegendruck stetig an. Der Wirkungsgrad des Motors und das Beschleunigungsverhalten des Fahrzeugs werden beeinträchtigt. Abhängig von den Rußrohemissionen und der Größe des Filters muss eine Regeneration jeweils nach ca. 300 bis 800 km durchgeführt werden. Die Dauer des Regenerationsbetriebs liegt in der Größenordnung von 10 bis 15 min. Sie ist zudem abhängig von den Betriebsbedingungen des Motors. Die Regeneration des Filters erfolgt durch Abbrennen des gesammelten Rußes im Filter. Der Kohlenstoffanteil der Partikel kann mit dem im Abgas stets vorhandenen Sauerstoff oberhalb von ca. 600 °C zu ungiftigem CO_2 oxidiert werden. Solche hohe Temperaturen liegen nur bei Nennleistungsbetrieb des Motors vor und stellen sich im normalen Fahrbetrieb sehr selten ein. Daher müssen Maßnahmen ergriffen werden, um die Rußabbrandtemperatur zu senken und/ oder die Abgastemperatur zu erhöhen [55]. Zur Temperaturerhöhung der Abgasnachbehandlung kann beispielsweise eine späte Nacheinspritzung vorgesehen werden, die erst im Katalysator umgesetzt wird.

Durch die innere Gemischbildung beim Dieselmotor entstehen erheblich höhere Rußemissionen als beim Ottomotor. Der Einsatz eines Partikelfilters ist bereits heute unerlässlich, um Russ außermotorisch aus dem Abgas zu entfernen und die innermotorischen Maßnahmen vor allem auf die NO_x- und Geräuschminderung zu konzentrieren. Beim Nutzfahrzeug werden die NO_x-Emissionen außermotorisch mit einem SCR-System vermindert [55]. Auch beim Personenkraftwagen wird verstärkt der Einsatz von SCR-Systemen vorangetrieben.

2.1.6 Innere AGR und Scavenging

Die Aufgaben des Ventiltriebs sind das Öffnen und Schließen der Ein- und Auslassventile und die Freigabe genügend großer Strömungsquerschnitte zum richtigen Zeitpunkt [52]. Die Betätigung der Ventile erfolgt üblicherweise durch eine oder mehrere Nockenwellen,

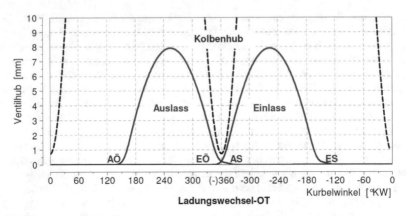

Abbildung 2.2: Konventionelle Ventilhubkurven beim Dieselmotor [38]

die beim 4-Takt-Motor mit halber Kurbelwellendrehzahl laufen. Heute kommen in modernen Pkw-Dieselmotoren weitestgehend 4-Ventil-Konzepte zum Einsatz, wobei zwei Ventile als Einlass- und zwei Ventile als Auslassventile ausgelegt werden. Die Vorteile gegenüber 2-Ventil-Konzepten sind eine bessere Zylinderfüllung und die Möglichkeit der Drallsteuerung bei entsprechender Auslegung der Einlasskanäle. Lage und Gestalt der Ventilhubkurven von Einlass- und Auslassventilen hängen bei konventionellen Ventiltrieben allein von der Geometrie der jeweiligen Nocken sowie der Gestalt und Position der Hebel ab. Somit sind sowohl die einzelnen Ventilhubkurven, als auch ihre Lage zueinander festgelegt [38]. Die Abbildung 2.2 zeigt beispielhaft die Ventilhubkurven eines konventionellen Ventiltriebs und die Kolbenbewegung eines Dieselmotors. Neben dem maximalen Ventilhub sind die Ventilöffnungs- (Einlass-Öffnen (EÖ) und Auslass-Öffnen (AÖ)) und Ventilschließzeitpunkte (Einlass-Schließen (ES) und Auslass-Schließen (AS)) maßgebende Kenngrößen bei der Auslegung der Nockengeometrie. Eine Ventilüberschneidungsphase ist im Gegensatz zum Ottomotor beim Dieselmotor kaum möglich, da das Volumen im oberen Totpunkt minimiert wird, um die für die Verbrennung notwendigen Verdichtungsverhältnisse umzusetzen. Zur Beeinflussung des Restgasgehalts bzw. der inneren Abgasrückführung müssen also andere Maßnahmen ergriffen werden.

Für den Dieselmotor sind bereits verschiedene Systeme umgesetzt worden, wie [38] zeigt. Realisierbar sind dabei mechanische, hydraulische, elektrische, pneumatische oder kombinierte Ventiltriebssysteme. Die meisten Systeme rufen eine Verschiebung der Ventilhubkurven (Phasenverschiebung) hervor. Dadurch wird ein frühes Ventilschließen oder ein spätes Ventilöffnen möglich. Die Gesamtladungsmenge bzw. die Restgasmenge oder auch Innere Abgasrückführung (iAGR)-Masse kann dadurch entscheidend beeinflusst werden.

Eine weitere Möglichkeit stellen Nockenwellen mit Zusatznocken dar. Durch ein zusätzliches Öffnen des Einlassventils während des Ausschiebetaktes kann, ein entsprechendes Druckgefälle ($p_2 < p_3$) vorausgesetzt, Abgas im Saugrohr vorgelagert werden, welches im

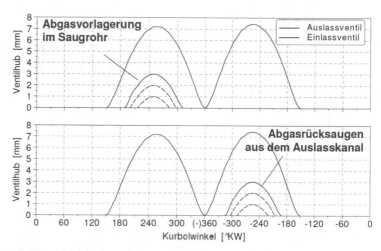

Abbildung 2.3: Abgasrückführung durch Zusatznocken [38]

folgenden Ansaugtakt wieder in den Brennraum zurückgeführt wird. Ist der Druck vor dem Motor jedoch größer als nach dem Motor ($p_2 > p_3$), strömt Ladeluft unverbrannt hindurch. Auch das Rücksaugen von Abgas aus dem Auslasskanal ist bei einer zusätzlichen Öffnung des Auslassventils während des Ansaugtaktes möglich. Die Abbildung 2.3 zeigt die Ventilhubkurven für die beiden möglichen Fälle mit Zusatznocken. Der Ventilöffnungs- und Ventilschließungszeitpunkt sowie der maximale Ventilhub sind dabei auch für den zweiten Nocken geometrisch festgelegt. Während des Motorbetriebs kann dieser zweite Hub dann zu- oder abgeschaltet werden. Diese digitale Änderung des Ladungswechsels ist speziell für die Steuerung oder Regelung der Verbrennung eine Herausforderung, da der Zustand nach der Schaltung vorher nicht erfasst werden kann. Die Beeinflussung der zurückgeführten Abgasmenge kann für diese Ventiltriebvariabilität über die Änderung der Druckverhältnisse vor und nach dem Motor geschehen. Dazu müssen Steller wie die variable Turbinengeometrie oder die Drosselklappe bedient werden, wodurch eine Kopplung zur Ladungsmenge als weitere Führungsgröße besteht.

Die Abbildung 2.4a zeigt das Prinzip der iAGR an einem Zylinder. Hier dargestellt ist das gleichzeitige Öffnen der Ein- und Auslassventile im Ausstoßtakt eines 4-Takt-Motors. Ist der Druck vor dem Motor nun geringer als nach dem Motor ($p_2 < p_3$), wird Abgas nicht nur in den Abgaskrümmer gedrückt, sondern auch in das Saugrohr. Diese vorgelagerte Abgasmenge, auch reaspiratives Gas genannt, wird im folgenden Ansaugtakt wieder in den Motor gedrückt. Die Abbildung 2.4b zeigt hingegen den Fall, wenn bei gleichzeitigem Öffnen der Ventile im Ausstoßtakt die Druckverhältnisse umgekehrt sind ($p_2 > p_3$). Ist der Druck vor dem Motor höher als danach, strömt Ladeluft in den Zylinder, schiebt Restgas aus dem Zylinder und strömt dann unverbrannt über die Auslassventile in den Abgaskrümmer. Dieser Vorgang wird Scavenging genannt.

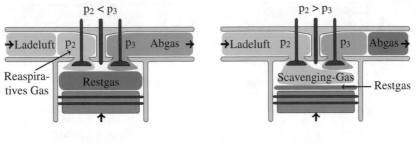

(a) Interne Abgasrückführung   (b) Scavenging

Abbildung 2.4: Beispielhafte Darstellung der Prozesse der internen Abgasrückführung und Scavenging in Abhängigkeit der Druckdifferenz

Geometrisch fest definierte Ventilsteuerzeiten stellen stets nur einen Kompromiss hinsichtlich verschiedener Zielsetzungen wie Kraftstoffverbrauch, Abgasemission, Verbrennungsgeräusch oder Motorleistung dar. Durch eine Anpassung der Ventilsteuerzeiten während des Motorbetriebs könnte eine effiziente Verbrennung mit geringerer Schadstoffbildung realisiert werden. Eine Umsetzung der Ansteuerung einzelner Ventile über mechatronische Komponenten ist aufgrund des geringen Bauraums im Zylinderkopf konstruktiv anspruchsvoll und erhöht die Kosten des Motors aufgrund von zusätzlicher Aktuatorik samt Peripherie gegenüber aktuellen Serienmotoren.

2.2 Motormanagement

Dem Motormanagement kommt eine immer höhere Bedeutung zu. Auf der Basis vorhandener Sensorsignale müssen leistungsstarke Modell- und Regelungsansätze den Fahrerwunsch nach hoher Fahrdynamik erfüllen und gleichzeitig die Emissionen innerhalb der erlaubten Grenzen halten sowie den Verbrauch minimieren. Auch die Überwachung von Fahrzeugzuständen und die Kommunikation mit anderen Steuergeräten fließt in das Motormanagement mit ein. Im Folgenden soll die grobe Steuerungs- und Regelungsstruktur des Dieselmotors erläutert werden.

2.2.1 Steuerungs- und Regelungsansätze des Dieselmotors

Der Dieselmotor ist im Normalbetrieb drehmoment-geführt. Der Fahrerwunsch wird über die Pedalstellung ermittelt und in Abhängigkeit von der aktuellen Drehzahl über ein Kennfeld in eine Solleinspritzmenge umgerechnet. Da der Dieselmotor im Normalbetrieb mit Luftüberschuss arbeitet, kann in den meisten Betriebspunkten die gewünschte Einspritzmenge sofort abgesetzt werden. Sollte die aktuelle Luftmenge im Zylinder nicht ausreichen, wird die Einspritzmenge entsprechend begrenzt (Rauchbegrenzung). Der Einspritzpfad kann auf eine Änderung der gewünschten Einspritzmenge schnell reagieren, da die Magnet- oder Piezoventile eine hohe Dynamik aufweisen. Die Dynamik des Motors wird durch die Dynamik des Gassystems bestimmt. In einer Beschleunigungsphase soll möglichst viel Kraftstoff umgesetzt werden. Die dazugehörige Zylinderfüllung muss jedoch erst bereitgestellt werden. Eine Beschleunigung entlang der Rauchbegrenzung führt zu einer erhöhten Rußbildung und einem langsamen Geschwindigkeitsaufbau. Der Einsatz von Turboladern in verschiedenster Anzahl und Größe als Mittel zur Dynamisierung des Gaspfads ist schon lange Stand der Technik. Neben den herkömmlichen Abgasturbolader werden in aktuellen Entwicklungen vermehrt auch elektrisch angetriebene Verdichter getestet.

Mit einer stärkeren Überwachung von Stickoxidemissionen ist auch der Übergang von Volllast zur Teillast interessant, bei dem die Pedalstellung sprunghaft abnimmt. Der Fahrer möchte nach einer Beschleunigungsphase in einen Teillastbetrieb in möglichst kurzer Zeit gelangen. Die Einspritzmenge kann schnell angepasst werden, sodass dem Fahrerwunsch nach einem geringen Drehmoment entsprochen wird. Zu diesem Zeitpunkt ist jedoch ein großer Sauerstoffüberschuss im Brennraum vorhanden, der zu einer hohen Stickoxidbildung führt. Dieser Überschuss an Sauerstoff kann durch Abgasrückführung abgebaut werden. Der Weg von der NDAGR-Klappe bis in den Brennraum ist weit und führt zu einer Verzögerung des gewünschten Zustands. Die HDAGR oder iAGR ist nah am Motor und kann schnell zugeschaltet werden, bietet jedoch auch einen zusätzlichen Wärmeeintrag und ist nicht von Verbrennungsendprodukten gereinigt. Bei der Rückführung von Abgas ist auch die Menge entscheidend. Eine zu hohe Abgasmenge, beispielsweise bedingt durch ein Überschwingen einer AGR-Klappe, führt von einer erhöhten Rußbildung bis hin zu Verbrennungsaussetzern aufgrund von Sauerstoffmangel.

Die Aufgabe für die Steuerung und Regelung des Dieselmotors besteht daher darin, den Gaszustand im Brennraum möglichst schnell und mit einer entsprechenden Genauigkeit einzustellen. Außerdem besteht die Anforderung nach stationärer Genauigkeit und schwingungsarmer Einstellung der Führungsgrößen.

In der aktuellen Gassystemregelung sind die Führungsgrößen Zylinderfüllung und AGR-Rate vorgesehen. Im Folgenden wird die Einstellung dieser Größen beschrieben.

2.2.2 Ladedruckregelung

Moderne PKW-Dieselmotoren werden zur Steigerung der Leistungsausbeute aufgeladen betrieben. Im Vergleich zum Ottomotor ist dies insbesondere wegen des hohen Verbrennungsluftverhältnisses ($\lambda > 1$) im konventionellen Dieselbrennverfahren erforderlich. Dabei werden überwiegend Abgasturbolader verwendet, um durch Kompression des Ansauggases die für die Verbrennung notwendige Gasmasse im Brennraum bereitzustellen. In aktuellen Systemen wird die Gasmasse m_{Mot} im Brennraum als Regelgröße verwendet. Da diese aber nicht direkt gemessen werden kann, wird aufgrund der verfügbaren Sensorik stellvertretend eine Ladedruckregelung durchgeführt. Dazu wird der Ladedruck p nach dem Verdichter des Abgasturboladers gemessen und bei einem VTG-Turbolader über die Stellung der Turbinenleitschaufeln s_{VTG} beeinflusst. Die Sollwerte für den Druck p_d werden aus den Sollwerten

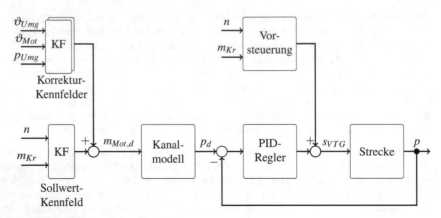

Abbildung 2.5: Struktur der Ladedruckregelung

für die Zylinderfüllung $m_{Mot,d}$ ermittelt. Dabei wird auch eine Änderung der Dichte durch den Temperatureintrag infolge der HDAGR berücksichtigt. In vereinfachter Form ergibt sich damit ein Strukturbild entsprechend Abbildung 2.5. Hier wird zunächst in Abhängigkeit des Motorbetriebspunkts (gekennzeichnet durch Drehzahl n und Einspritzmenge m_{Kr}) aus jeweils einem Kennfeld ein Sollwert für die Zylinderfüllung und ein Stellwert für die Schaufelstellung ermittelt. Auf der Basis der aktuellen Motortemperatur ϑ_{Mot}, der Umgebungstemperatur ϑ_{Umg} und des Umgebungsdrucks p_{Umg} erfolgt eine zusätzliche, kennfeldbasierte Korrektur des Sollwerts. Die Zylinderfüllung wird anschließend über ein Modell des Kanals vom Zylinder bis zum Verdichter in einen Ladedruck nach Verdichter umgerechnet. In das Modell gehen unter anderen die Stellpositionen des variablen Ventiltriebs (VVT), der Drosselklappe (DKL) und der HDAGR-Klappe ein. Das Modell enthält sowohl physikalische Ansätze als auch empirisch ermittelte Daten. Der Ladedruck wird dann mit Hilfe eines PID-Reglers eingestellt.

2.2.3 Regelung der Abgasrückführung

Der Sauerstoffgehalt im Brennraum ist eine Prozessgröße mit entscheidendem Einfluss auf den Zündverzug sowie auf den anschließenden Verbrennungsablauf und hat somit direkte Auswirkungen auf die Schadstoffentstehung. Der Sauerstoffgehalt lässt sich mit den Methoden der externen und internen Abgasrückführung einstellen. Die AGR-Rate dient dabei als Regelgröße zur Einstellung der Abgasrückführung. Diese ist als das Verhältnis der rückgeführten Abgasmenge m_{AGR} zur Zylinderfüllung m_{Mot} definiert.

$$x_{AGR} = \frac{m_{AGR}}{m_{Mot}} \tag{2.1}$$

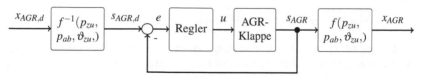

Abbildung 2.6: Struktur der aktuellen Sollwertbildung und Steuerung der Abgasrückführung

In aktuellen Serienprojekten ist eine Zweikreis-Abgasrückführung mit HDAGR und NDAGR realisiert. Im Folgenden soll gezeigt werden, wie die Sollwertbildung sowie die Regelung der AGR-Rate aufgebaut sind. Die Abbildung 2.6 zeigt dabei die Struktur des Regelkreises. Die gewünschte Abgasrückführungsrate sowie der Faktor zur Aufteilung auf den jeweiligen AGR-Kreis werden abhängig vom Motorbetriebspunkt aus Kennfeldern bestimmt. Da serientaugliche Sensoren zur Erfassung der AGR-Rate nicht zur Verfügung stehen, kann die AGR-Rate nicht direkt geregelt werden. Deshalb wird die gewünschte AGR-Rate eines AGR-Kreises $x_{AGR,d}$ zunächst über eine Drosselgleichung in eine gewünschte Klappenstellung $s_{AGR,d}$ umgerechnet. Dazu müssen die Drücke vor und nach der jeweiligen Klappe sowie die Temperatur vor der Klappe bekannt sein. Die Klappenposition wird anschließend unterlagert geregelt. Aus der gemessenen Istposition der jeweiligen AGR-Klappe wird dann über die Drosselgleichung eine Ist-AGR-Rate berechnet.

Insbesondere bei der HDAGR kann die Berechnung der Klappenposition auf Basis der Drücke vor und nach den Klappen zu Ungenauigkeiten führen. Im Gegensatz zu den moderaten Bedingungen in der Umgebung der NDAGR-Klappe treten rund um die HDAGR-Klappe große Druckschwankungen und starke Temperaturänderungen auf. Eine genaue Messung des Drucks vor der Klappe ist dadurch kaum möglich. Modellansätze führen auch nur im Rahmen ihrer Modellgenauigkeit zu guten Ergebnissen. Die Einstellung der gewünschten HDAGR-Rate ist dadurch erschwert.

In dieser Arbeit werden Betrachtungen der iAGR durch einen variablen Ventiltrieb als Ersatz für die HDAGR angestellt. Bei der HDAGR ist die Dosierung durch das kontinuierliche Öffnen bzw. Schließen der HDAGR-Klappe möglich. Bei der Realisierung von iAGR durch den variablen Ventiltrieb entfällt jedoch die Möglichkeit eines variablen Öffnungsquerschnitts. Die Ventilöffnungsfläche ist durch den zweiten Nockenhub geometrisch fest. Der durchströmende Massenstrom ist damit eine Funktion der umliegenden Drücke und der Temperatur vor dem Ventil. Der einzig mögliche Regeleingriff ist die Zu- oder Abschaltung des zweiten Nockenhubs. Dennoch soll eine genaue Dosierung der AGR in die Zylinder sichergestellt werden. Zur Regelung einer iAGR-Rate müssten andere Stellglieder wie die Drosselklappe oder die VTG, die die Drücke vor und nach dem Ventil beeinflussen, bedient werden. Diese werden jedoch bereits für die Ladedruckregelung verwendet, wodurch hier eine Kopplung der Größen Ladedruck und iAGR-Rate nicht aufgelöst werden kann.

2.2.4 Der Sauerstoffmassenanteil als Führungsgröße

Mit Hilfe der AGR-Rate kann im stationären Motorbetrieb betriebspunktabhängig eine hinreichende Beschreibung des Sauerstoffgehalts im Brennraum erreicht werden. Da der Dieselmotor in weiten Betriebsbereichen überstöchiometrisch betrieben wird und damit Sauerstoff im Abgas verbleibt, sollte dieser Restsauerstoff auch in der Führungsgröße mit berücksichtigt werden. Die AGR-Rate als Verhältnis der Massen zueinander berücksichtigt den Restsauerstoff in der zurückgeführten Abgasmasse jedoch nicht. Dies führt dazu, dass eine konstante AGR-Rate zu unterschiedlichen Sauerstoffmassenanteilen im Brennraum führen kann, je nachdem, wie viel Restsauerstoff im Abgas enthalten ist.

Auch in transienten Motorbetriebsphasen wird deutlich, dass die AGR-Rate zu einer ungenauen Beschreibung des Sauerstoffgehalts im Brennraum führt, wie die Abbildung 2.7 zeigt. Hier ist eine Messung bei einem konstanten Motorbetriebspunkt und der Zuschaltung

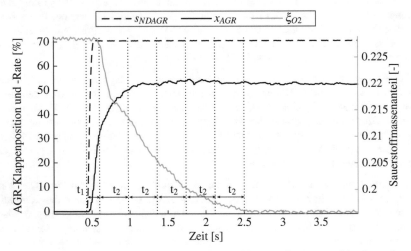

Abbildung 2.7: Dynamisches Verhalten von AGR-Rate und Sauerstoffmassenanteil im Saugrohr bei sprunghafter Änderung der NDAGR-Klappe

von NDAGR zu sehen. Die Position der NDAGR-Klappe wird dabei sprunghaft von 0% auf etwa 70% geöffnet. Für diese Messung waren keine weiteren AGR-Pfade aktiv. Die AGR-Rate stellt sich von 0% auf etwa 52% ein. Der Sauerstoffmassenanteil, gemessen mit einem Sauerstoffsensor (siehe Kapitel 3) in der Ansaugstrecke des Motors, fällt von etwa 0.23 (Frischluft) auf etwa 0.195. Es ist zu erkennen, dass die AGR-Rate innerhalb von nicht einmal einer Sekunde auf einem stationären Wert liegt, der Sauerstoffmassenanteil dafür jedoch etwa doppelt so lange instationär ist. Der Grund liegt auch hier wieder beim Restsauerstoffgehalt im Abgas. Die NDAGR-Klappe stellt den gewünschten Massenstrom ein, der hauptsächlich von den Druckverhältnissen vor und nach der Klappe abhängig ist. Die

Qualität des zurückgeführten Abgases ändert sich jedoch weiter. Der Restsauerstoff im Abgas wird erneut zur Verbrennung genutzt und erst nach mehreren Umläufen im Gassystem ausgedünnt. Die Zeit für einen Gasumlauf ist in der Abbildung mit t_2 bezeichnet. t_1 bezeichnet die Zeit von der NDAGR-Klappe bis zum Sauerstoffsensor. Diese sind hauptsächlich abhängig von der Motordrehzahl bzw. der Gasgeschwindigkeit. Für die vorliegende Messung ergeben sich fünf Umläufe im Gassystem bevor der Sauerstoffmassenanteil für diese NDAGR-Klappenposition einen stationären Wert erreicht.

Mit der AGR-Rate als Führungsgröße geht das Motormanagement demnach früher von einem stationären Wert für den im Brennraum befindlichen Sauerstoffgehalt aus. Diese Ungenauigkeit führt vor allem bei der Bewertung von Stickoxiden im transienten Motorbetrieb zu einem Fehler.

Eine direkte Beschreibung des Sauerstoffgehalts im Brennraum ist der Sauerstoffmassenanteil ξ_{O2}. Diesen zu messen, zu modellieren und zu regeln ist Gegenstand dieser Arbeit und wird in den nächsten Kapiteln vorgestellt.

2.3 Entwicklungsumgebung

Neben dem Versuchsträger ist eine zuverlässige und leistungsfähige Entwicklungsumgebung notwendig, um neue Funktionen zu erstellen und Messungen durchführen zu können. In einem weiteren Schritt müssen diese Funktionen auf einem Prototypensteuergerät implementiert, getestet und parametriert werden, wobei Untersuchungen am Motorenprüfstand zur Anwendung kommen. Die zur Verfügung stehende Entwicklungsumgebung setzt sich aus unterschiedlichen Hard- und Softwarekomponenten zusammen, die im Folgenden kurz vorgestellt werden sollen.

2.3.1 Versuchsträger

Bei dem Versuchsträger handelt es sich um einen 2.0 l turbo-aufgeladenen Viertaktdieselmotor mit Common-Rail-Direkteinspritzung. Die wichtigsten technischen Kenndaten sind der Tabelle 2.1 zu entnehmen. Der Versuchsträger stellt einen aktuellen Serienmotor dar. Eine Änderung zum Serienstand besteht im Hinzufügen der Komponenten des Variablen Ventiltriebs (VVT) aus Abschnitt 2.1.6 als Maßnahme zur Realisierung einer iAGR.

2.3.2 Aufbau des Motorprüfstands

Der Motorprüfstand ist in zwei Bereiche aufgeteilt. Im Motorraum befindet sich der an eine Belastungsmaschine gekoppelte Versuchsträger, verschiedene Messeinrichtungen und Anlagen zur Konditionierung des Motorraums sowie zur Absicherung im Schadensfall. Die Belastungsmaschine ist ein Drehstrommotor, der als Generator oder Elektromotor betrieben werden kann. Im Generatorbetrieb kann der Verbrennungsmotor mit beliebigen Drehmomenten, die unabhängig von der Drehzahl eingestellt werden können, belastet werden.

Tabelle 2.1: Kenndaten des Versuchsträgers 2.0l-135kW-TDI-Motor [73]

Bauart	4-Zylinder-Reihenmotor
Hubraum	1968 cm^3
Bohrung	81.0 mm
Hub	95.5 mm
Ventile pro Zylinder	4
Verdichtungsverhältnis	15.8:1
Max. Leistung	135 kW bei 3500 bis 4000 $\frac{U}{min}$
Max. Drehmoment	380 Nm bei 1750 bis 3250 $\frac{U}{min}$
Motormanagement	Bosch EDC 17
Kraftstoff	Diesel nach EN 590
Abgasnachbehandlung	Zweikreis-Abgasrückführungssystem, Oxidationskataly -sator, NO_x-Speicherkatalysator, Dieselpartikelfilter
Abgasnorm	EU 6

Der Betrieb als Elektromotor wird verwendet, um den Schleppbetrieb des Verbrennungsmotors simulieren zu können. In diesem Betriebszustand wird der Verbrennungsmotor vom Elektromotor angetrieben. Durch die Konditionierung des Motorraums ist es möglich, Umgebungsbedingungen wie Raumtemperatur oder die Luftfeuchte einzustellen und somit für verschiedene Messungen vergleichbare Bedingungen zu schaffen. Der geschlossene Motorraum schützt den Prüfstandsbediener vor Gefahren durch mechanische Schäden und kann im Falle eines Brands mit CO_2 geflutet werden.

Im anliegenden Bedienraum befinden sich alle Computer zur Konditionierung und Überwachung des Motorraums, zur Prüfstandsteuerung sowie zur Messdatenerfassung. Eine schematische Darstellung des Motorprüfstands samt Messdatenerfassung und Rapid Control Prototyping (RCP)-Hardware ist in Abbildung 2.8 dargestellt.

2.3.3 Rapid Control Prototyping

Zur Entwicklung von Regelungs- und Steuerungsfunktionen wird Rapid Control Prototyping (RCP) eingesetzt. Hierzu werden physikalische Systeme zunächst durch eine Modellbildung mathematisch beschrieben. Der Entwurf einer Steuerung oder Regelung erfolgt dann in einer Entwurfs- und Simulationsumgebung. Anschließend erfolgen die Umsetzung der Funktionen auf einem Steuergerät und anschließend die Erprobung am realen System. Für diese Schritte kommt eine Reihe an Soft- und Hardware zum Einsatz, die im Folgenden kurz beschrieben wird.

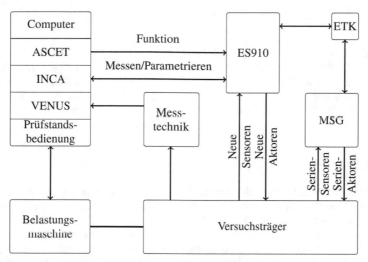

Abbildung 2.8: Schematische Darstellung der Entwicklungsumgebung

MATLAB/Simulink

Die Modellbildung, der Steuerungs- und Regelungsentwurf sowie die Auswertung der Messdaten erfolgte mit dem Programm MATLAB/Simulink der Firma MathWorks. Hier können komplexe physikalische Zusammenhänge mit Hilfe von Differentialgleichungen höherer Ordnung sowohl symbolisch als auch numerisch untersucht werden. Eine Kombination aus textbasierter und grafischer Programmiersprache hilft bei der Umsetzung der Signalverarbeitung und Regelungsentwürfe. Ebenfalls sind bereits viele bekannte Methoden innerhalb einzelner Funktionsbibliotheken umgesetzt und somit sofort nutzbar.

ASCET

Für die Programmierung der neuen Funktionen steht das Programm ASCET (Advanced Simulation and Control Engineering Tool) der Firma ETAS [13] zur Verfügung. Die Programmierung kann dabei textuell und grafisch erfolgen. Die einzelnen Teilfunktionen werden in sogenannten Modulen sowie Klassen erstellt und in Projekten zusammengefasst, die dann alle Regelungs- und Steuerungsfunktionen der Anwendung beinhalten. Außerdem bieten die Projekte in ASCET die Möglichkeit, die Abarbeitung der Bestandteile zu strukturieren. Das so erzeugte Programm kann im Anschluss auf eine Rapid-Prototyping-Hardware geladen und ausgeführt werden.

ES910

Als modulares Rapid-Prototyping-Modul wird die ES910 der Firma ETAS [14] verwendet. Das mit ASCET erstellte Programm wird auf dem Rapid-Prototyping-Controller-Board ausgeführt. Die diversen Schnittstellen verbinden die ES910 mit dem Motorsteuergerät (MSG) und erlauben einen Austausch von Motorsteuergerätegrößen. Zusätzlich sind weitere Module der ES900-Reihe vorhanden, mit denen unter anderem analoge und digitale Signale sowie CAN-Botschaften empfangen oder gesendet werden können.

Prototypensteuergerät

Das MSG besteht aus einem Mikrocontroller, internem und externem Speicher sowie einer integrierten Schnittstelle zu analogen und digitalen Eingangssignalen von Sensoren und Ausgangssignalen für Aktoren. Für die On-Board-Diagnose (OBD) existiert eine separate, genormte Schnittstelle, um mit geeigneten Geräten die Fehlerspeicher auslesen zu können. Das MSG ist über den Controller Area Network (CAN)-Bus oft mit weiteren Steuergeräten vernetzt [30]. Während der Entwicklungsphase müssen Eingriffe in das Motorsteuergerät möglich sein, um Änderungen in der Funktionalität oder der Applikation umsetzen zu können. Ein Seriensteuergerät hingegen ist gegen Änderungen von außen gesperrt, damit keine unbefugten Veränderungen vorgenommen werden können. Das Entwicklungssteuergerät unterscheidet sich zusätzlich vom Seriensteuergerät durch den Emulator-Tast-Kopf (ETK), ein zusätzlicher Arbeitsspeicher zum Austausch von Daten zwischen dem Steuergerät und der ES910, sowie einer Schnittstelle nach außen.

INCA

Für die Applikation des Motorsteuergerätes sowie der Prototypensteuergerätefunktionen wird das Programm Integrated Calibration and Application Tool (INCA) der Firma ETAS [15] verwendet. Es bietet die Möglichkeit, Größen des Motorsteuergerätes sowie der neuen Funktionen des Prototypensteuergerätes zu messen und aufzuzeichnen. Außerdem können Parameter, Kennlinien und Kennfelder angepasst werden.

VENUS

VENUS ist ein System zur Automatisierung von Prüfständen des Volkswagen-Konzerns. Das Automatisierungssystem VENUS beinhaltet standardisierte Prüftechnik für die Vergleichbarkeit der Versuchsergebnisse, die damit allen Standorten zur Verfügung gestellt werden können. Der Funktionsumfang umfasst die Vorbereitung, Durchführung, Auswertung sowie Verwaltung des Versuchs [74]. Über VENUS können zusätzlich zu den vorhandenen Seriensensoren weitere Messwerte für Druck, Temperatur, Drehmoment und andere Größen erfasst werden. Systeme zur Messung von Abgaswerten wie Ruß oder NO_x können ebenfalls über VENUS eingebunden werden.

3 Sauerstoffsensor

Der Sauerstoffmassenanteil im Einlass des Motors ist eine zentrale Größe der vorliegenden Arbeit. Auf dessen Basis werden in Kapitel 4 Modelle des Gassystems des Motors und der Zylinder erstellt. Außerdem wird der Sauerstoffmassenanteil als Regelgröße für die in Kapitel 5 beschriebene Regelung verwendet. Durch die direkte Messung der Größe ist eine höhere Genauigkeit erreichbar als über eine Modellierung. Gleichwohl ist der Einsatz eines zusätzlichen Sensors mit einer Erhöhung der Kosten des Motors verbunden. Hier gilt es, die erreichbare Güte eines Modells dem gemessenen Wert gegenüberzustellen, um den Einsatz des Sensors bewerten zu können. Die verursachten Kosten durch den Einsatz eines zusätzlichen Sensors sollten durch einen funktionalen Vorteil, wie einer Verbrauchseinsparung oder Emissionsreduzierung, wieder ausgeglichen werden. Ebenfalls muss untersucht werden, ob ein anderer Sensor durch den Einsatz des neuen Sensors eingespart werden kann.

Im vorliegenden Fall soll untersucht werden, ob der Heißfilm-Luftmassenmesser (HFM), mit dem der Frischluftmassenstrom gemessen wird, durch den Einsatz eines Sauerstoffsensors im Einlass entfallen kann. Ein Ansatz zur Modellierung des Frischluftmassenstroms wird in Abschnitt 5.3.4 vorgestellt und bewertet.

Die Anforderungen an das Messsignal des Sauerstoffmassenanteils im Einlass des Motors und damit an den Sauerstoffsensor sind also hoch. Im Folgenden werden Aufbau und Funktionsweise des untersuchten Sensors beschrieben sowie eine Möglichkeit zur Kompensation der vorhandenen Druckabhängigkeit vorgestellt.

3.1 Grundlagen elektrochemischer Sensoren

Prinzipiell bestehen elektrochemische Sensoren aus zwei Elektroden, die durch ein Elektrolyt getrennt sind. Das Elektrolyt kann dabei in flüssiger oder fester Form vorliegen. Für Sensoren im automobilen Einsatz (Lambda- oder NO_x-Sonde) haben sich Festelektrolyte wegen der leichteren Handhabung und chemischen Beständigkeit etabliert [75]. Für Elektrolyte werden Ionenkristalle verwendet, die in ein Anionen- und ein Kationenuntergitter unterteilt werden, wie beispielhaft in Abbildung 3.1 zu sehen ist. Abweichend von der idealen Struktur bildet sich in realen Kristallen eine Reihe von Defekten. Dazu zählen Leerstellen durch unbesetzte Gitterplätze; Zwischengitteratome, die sich einen Gitterplatz mit einem anderen Ion teilen oder in Gitterlücken sitzen; oder auch Fremdatome, die Verunreinigungen darstellen oder sogar gezielt eingebracht werden, um die Eigenschaften des Kristallgitters zu beeinflussen. Innerhalb des Kristallgitters können sich Ionen aufgrund von vorhandenen Gitterdefekten bewegen. Dies kann geschehen, indem sich ein Ion von Fehlstelle zu Fehlstelle, von Zwischengitterplatz zu Zwischengitterplatz oder von Zwischengitterplatz zu Gitterplatz (unter Verdrängung des Gitterteilchens ins Zwischengitter) bewegt. Um eine hohe Leitfähigkeit zu erhalten, muss das Elektrolyt eine genügend große Anzahl von Defekten aufweisen, die eine hohe Beweglichkeit besitzen. Stellt der Ionenkristall selbst nicht genügend Fehlstellen

© Springer Fachmedien Wiesbaden GmbH, ein Teil von Springer Nature 2018
D. Schwarz, *Regelung des Dieselmotors*, AutoUni – Schriftenreihe 118,
https://doi.org/10.1007/978-3-658-21841-6_3

cation   anion

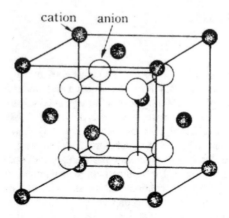

Abbildung 3.1: Kubische Floridstruktur [75]

bereit, können durch Hinzufügen von Fremdatomen eines Metalloxids zusätzliche Fehlstellen induziert werden. Die Leitfähigkeit kann ebenfalls durch das Beheizen des Elektrolyts erhöht werden. Bei Temperaturen von über 400°C ändert sich die Struktur, sodass weitere Fehlstellen auftreten [26]. Als Material für Festkörpersauerstoffionenleiter hat sich im Allgemeinen mit Yttrium stabilisiertes Zirkoniumdioxid ZrO_2 etabliert. Aber auch Materialien wie Magnesiumoxid [7] oder Titandioxid (NGK Spark Plug Co., Ltd. (NGK)) werden verwendet. Die Elektroden sind in der Regel aus Platin, das eine hohe katalytische Aktivität besitzt [26].

Für den Transport von Sauerstoff durch den Festelektrolyten sind drei Schritte notwendig: Einbringen von gasförmigem Sauerstoff in die Keramik, Transport des dissoziierten und ionisierten Sauerstoffs innerhalb des Elektrolyten sowie Ausbau des Sauerstoffs. Der Einbau geschieht durch die Aufspaltung des im Gasraum vorliegenden molekularen Sauerstoffs in zweifach negativ geladene Ionen, die in die Leerstellen im Kristallgitter eingebaut werden. Die metallische Elektrode fungiert dabei als Elektronenleiter. Durch den Übergang von O_2 zwischen Gasraum und Ionenleiter stellt sich ein resultierendes elektrochemisches Potential ein, das im Wesentlichen vom vorliegenden Sauerstoffpartialdruck des Gasraumes abhängig ist [62]. Aufgrund der Fehlstellen können sich die Sauerstoffionen durch den Elektrolyten bewegen, indem sie von Fehlstelle zu Fehlstelle springen. Die treibende Kraft ist entweder ein Konzentrationsgefälle (potentiometrisches Prinzip) oder eine angelegte Spannung (amperometrisches Prinzip). An der gegenüberliegenden Seite des Elektrolyts erfolgt dann der Ausbau des Sauerstoffs an der zweiten Elektrode analog zum Einbau.

Bei gleichem Sauerstoffpartialdruck in beiden Gasräumen und damit identischem elektrochemischen Potential an beiden Seiten der Keramik befindet sich das System im elektrochemischen Gleichgewicht und es erfolgt kein Teilchentransport durch die Keramik. Mit jedem transportierten Sauerstoffion gelangen auch zwei Elektronen von der einen zur anderen Elektrode. Dies führt zur Bildung eines elektrischen Feldes. Bei konstantem elektrochemischen

Potential kann eine Spannung gemessen werden, deren Betrag gemäß (3.1) sowohl von der Temperatur ϑ des Elektrolyts als auch von dem Quotienten der Sauerstoffpartialdrücke p'_{O2} und p''_{O2} auf beiden Seiten der Keramik abhängig ist [62]:

$$U_{Nernst} = \frac{R\,\vartheta}{4\,F}\,ln\left\{\frac{p''_{O_2}}{p'_{O_2}}\right\}\ . \tag{3.1}$$

Hierbei stehen R für die universelle Gaskonstante und F für die Faraday-Konstante.

3.1.1 Sprung-Lambdasonde

Die Lambdasonde ist ein Beispiel für elektrochemische Sensoren in der automobilen Anwendung. Sie besteht zumeist aus einem fingerförmigen, hohlen ZrO_2-Element. Die Innenseite hat Kontakt zur Umgebungsluft. Die Außenseite liegt im Abgasstrom. Beide Seiten sind mit einer dünnen, porösen Platinschicht überzogen, die als Elektrode fungiert. Der prinzipielle Aufbau ist in Abbildung 3.2 zu sehen. Erreicht die Lambdasonde die Betriebstem-

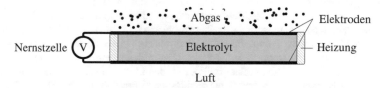

Abbildung 3.2: Funktionsprinzip einer Sprung-Lambdasonde

peratur, so fließen Sauerstoffionen aufgrund der unterschiedlichen Sauerstoffkonzentration. Eine auf Zirkoniumdioxid basierende Sprung-Lambdasonde benötigt mindestens 350°C Betriebstemperatur und ist aus diesem Grund in der Regel elektrisch beheizt. Ihren optimalen Betriebsbereich erreicht sie bei 600 °C, wo sie Ansprechzeiten von weniger als 50 ms aufweist [55]. Von der Umgebungsluft bewegen sich Sauerstoffionen in Richtung Abgas, um diese auszugleichen. Durch die entstehende Potenzialdifferenz liegt eine elektrische Spannung an den Platinelektroden an. Ist das Gemisch mager, beträgt das Sondensignal etwa 0.1 Volt. Bei fettem Gemisch liegt die Spannung bei 0.9 V. Bei $\lambda = 1$, also stöchiometrischem Luftverhältnis, liegt eine Spannung von 0.45 V vor.

Ottomotoren werden bei einem Lambda von $\lambda = 1$ betrieben, weshalb Sprung-Lambdasonden vorrangig in Ottomotoren eingesetzt werden. Die Regelgröße kann somit direkt gemessen und vom implementierten Regler eingestellt werden.

3.1.2 Breitband-Lambdasonde und Sauerstoffsensoren

Ein Dieselmotor wird in großen Betriebsbereichen überstöchiometrisch, also mit Luftüberschuss, betrieben. Das Verbrennungsluftverhältnis im Abgas kann bei diesem Betrieb von einer Sprung-Lambdasonde nicht ausreichend aufgelöst werden. Um ein brauchbares Lambda-Signal zu erhalten, kommen Breitband-Lambdasonden zum Einsatz. Diese bestehen, wie in

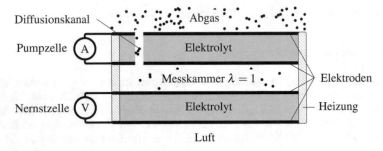

Abbildung 3.3: Funktionsprinzip einer Breitband-Lambdasonde

Abbildung 3.3 zu sehen ist, aus einer Nernstzelle, einer Pumpzelle sowie einer Messkammer zwischen den beiden Zellen. Die Messkammer ist mit dem Abgas über einen Diffusionskanal verbunden, sodass Sauerstoff in die Messzelle hinein bzw. aus der Messzelle heraus diffundieren kann. An der Pumpzelle stellt sich durch eine interne Regelung eine Spannung ein, sodass in der Messkammer $\lambda = 1$ anliegt. Dieser Zustand wird durch die Nernstzelle überwacht. Die Spannung an der Pumpzelle ruft einen Elektronenstrom hervor, der gemessen wird. Der Pumpstrom ist proportional zum Sauerstoffpartialdruck im Abgas. Über eine Kennlinie wird der Pumpstrom dann in ein Lambdasignal bei Breitband-Lambdasonden umgerechnet. Sauerstoffsensoren funktionieren nach dem gleichen Prinzip wie Breitbandlambdasensoren. Zwischen Pumpstrom und Sauerstoffsignal liegt dann eine andere Kennlinie. Der Sauerstoffpartialdruck im Luft-Abgas-Gemisch hängt zum einen von der tatsächlichen Sauerstoffkonzentration des Gemisches ab. Zum anderen hat jedoch auch der Druck in der Leitung einen Einfluss auf den Sauerstoffpartialdruck und damit auf das Sondensignal.

3.2 Einbauposition und Anforderungen an die Signalgüte

Der in dieser Arbeit verwendete Sauerstoffsensor funktioniert ebenfalls nach dem vorgestellten Prinzip einer Breitband-Lambdasonde. Da der Sauerstoffgehalt in der Ansaugstrecke des Motors ermittelt werden soll, ergeben sich für den Sensor verschiedene mögliche Einbaupositionen, die in Abbildung 3.4 dargestellt sind. Die Position #1 vor dem Verdichter hat den Vorteil, dass der Einfluss des Drucks auf das Sondensignal gering ist, da er an dieser Position nur unwesentlich vom Umgebungsdruck abweicht. Auf der anderen Seite ist die räumliche Distanz zur Zylindergruppe groß. Diese müsste für eine Modellierung der Zustände im Zylinder mit berücksichtigt werden, was zu Ungenauigkeiten führen kann. Zum anderen sind

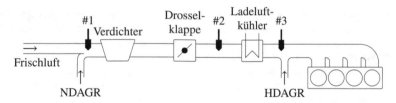

Abbildung 3.4: Einbaupositionen des Sauerstoffsensors im Ansaugtrakt des Motors

Luft und Abgas vor dem Verdichter nicht ausreichend durchmischt, da eine Zusammenführung beider Massenströme konstruktiv direkt im Einlass des Verdichters realisiert ist. Der Einbau des Sauerstoffsensors im Gehäuse des Verdichters ist nicht möglich.

Ein Einbau nach dem Verdichter führt dazu, dass der Sensor in einer Umgebung misst, in der je nach Motorbetriebspunkt große Druckänderungen auftreten können. Eine Kompensation der Druckabhängigkeit ist damit unerlässlich und erhöht den Implementierungsaufwand. Eine Position nahe der Zylindergruppe hat den Vorteil, Verzögerungen zwischen dem gemessenen Signal und dem Zustand im Zylinder zu minimieren. Der Einsatz im Einlasssammler #3, also zwischen Ladeluftkühler und Zylindergruppe, könnte dazu führen, dass die ebenfalls an dieser Stelle eingeführte HDAGR das Sondensignal beeinflusst. Eine gute Durchmischung der angesaugten Luft mit der HDAGR kann hier jedoch nicht gewährleistet werden, sodass eine frühere Einbauposition gewählt werden sollte, bei der das Gemisch Luft mit NDAGR gemessen werden kann. Für einen möglichen Serieneinsatz des Sauerstoffsensors wäre eine Einbauposition nach dem Ladeluftkühler auch deshalb nicht ratsam, da sich das im Kühler gebildete Kondensat nach dem Motorstart an den Sensor gelangen könnte. Das beheizte Sondenelement könnte unter dem Einfluss des Wassers zerbersten (Wasserschlag) und den Sensor damit beschädigen.

Für den Sauerstoffsensor im Einlass wird deshalb die Position #2 im Einlauf des Ladeluftkühlers gewählt. Das Gasgemisch, bestehend aus Frischluft und NDAGR, ist hier gut durchmischt und ein Einfluss von HDAGR oder auch vorgelagerter iAGR kann hier ausgeschlossen werden. Ein Rücklaufen von Kondensat aus dem Kühler zum Sensor muss hier konstruktiv verhindert werden.

Die Anforderung an die Signalgüte des Sauerstoffsensors sind hoch. Das Signal muss für eine Nutzung in einem Regelkreis eine hohe stationäre Genauigkeit sowie kurze Ansprechzeiten bei dynamischen Änderungen im Gaspfad aufweisen. Außerdem müssen die Kosten und der Bauraum für den Sensor im Rahmen bleiben, was häufig im Kontrast zur Signalgüte steht. Nicht zuletzt müssen Maßnahmen zum Bauteilschutz eingesetzt werden, um eine Signalqualität über die gesamte Laufzeit des Fahrzeugs gewährleisten zu können.

Im Vergleich zur Einbauposition der Abgaslambdasonde in Dieselfahrzeugen unterscheiden sich die Umgebungsbedingungen an der ausgewählten Position für den Sauerstoffsensor im Einlass. Während die Abgas-Lambdasonde vor Verschmutzung und hohen Temperaturen bis

zu 800 °C geschützt werden muss, ist das Gasgemisch im Einlass durch die Abgasnachbehandlung und den Luftfilter gereinigt. Zudem ist die Temperatur wesentlich geringer (bis zu
200 °C). Dagegen stehen geringere Druckänderungen bei Abgas-Lambdasonden, die nach
der Turbine verbaut sind. Der Sauerstoffsensor kann aufgrund der Umgebungsbedingungen
gegenüber der Abgaslambdasonde konstruktiv angepasst werden. Das Sondensignal kann
somit positiv beeinflusst werden. Aufgrund der geringeren Verschmutzung kann die Schutzhülle des Sondenelements mit einer größeren Anzahl an Löchern versehen werden, wodurch
die Ansprechzeit des Sensors verringert wird. Weiterhin kann bei der Auslegung des Sondenelements auf hochtemperaturfeste Materialien verzichtet werden.

Die Dynamik wird von den einzelnen Vorgängen innerhalb des Sensors beeinflusst. Zunächst muss ein Sauerstoffteilchen durch die Schutzhülle bis zum Sondenelement gelangen.
Dann diffundiert das Sauerstoffteilchen durch den Diffusionskanal in die Messkammer. Anschließend wird das Teilchen an der Elektrode dissoziiert und ionisiert, wird durch den Elektrolyten transportiert und anschließend wieder aus dem Elektrolyt ausgebaut. Jeder dieser
Vorgänge benötigt Zeit, wodurch die Ansprechzeit des Sensors beeinflusst ist. Die Summe
der einzelnen Vorgänge führt zu einer Verzögerung 1. Ordnung des Sauerstoffgehalts. Der
Hersteller des hier verwendeten Sensors gibt eine Ansprechzeit von 65 ms an.

3.3 Kompensation der Druckabhängigkeit

Mit Hilfe des Sensors soll der Sauerstoffgehalt des Luft-Abgas-Gemischs ermittelt werden.
Da der Sensor den Sauerstoffpartialdruck in diesem Gemisch ermittelt und dieser sowohl
vom Sauerstoffgehalt als auch vom Druck im Gemisch abhängig ist, soll im Folgenden
die Druckabhängigkeit kompensiert werden. Dazu wird zunächst die statische Druckabhängigkeit betrachtet, kompensiert und anschließend um eine Kompensation der dynamischen
Druckabhängigkeit erweitert.

Um den Einfluss des Drucks im Luft-Abgas-Gemisch auf den messbaren Pumpstrom er-
mitteln zu können, soll die Sensorkennlinie mittels einer experimentellen Identifikation ermittelt werden. Dazu wird eine Messung unter realen Bedingungen durchgeführt. Der in
Tabelle 2.1 beschriebene Motor mit dem Sauerstoffsensor an der bereits ausgewählten Einbauposition wird an einem Motorprüfstand gemäß Abschnitt 2.3.2 betrieben. Während des
Versuchs bleibt die NDAGR-Klappe geschlossen, sodass der Motor mit frischer Luft ver-
sorgt wird. Der Sauerstoffsensor sollte demnach einen konstanten Wert für den Pumpstrom
bzw. den Sauerstoffgehalt ausgeben. Variiert wird nun sowohl der Motorbetriebspunkt um
einen Überdruck zu erzeugen als auch die direkt vor dem Sensor befindliche Drosselklappe
um einen Unterdruck am Sensor zu erzeugen. Für jeden eingestellten Druck wird eine Messung über 30 s durchgeführt. Während der Messzeit wird kein Parameter verändert, sodass
ein stationärer Motorbetrieb vorliegt. Die Ergebnisse werden anschließend über die Messzeit gemittelt, um das Messrauschen herauszufiltern. Die Abbildung 3.5 zeigt die Druckabhängigkeit des Pumpstroms I_p auf Basis der Messergebnisse. Der graue Punkt zeigt den
Pumpstrom bei Umgebungsdruck, die schwarzen Punkte zeigen den Pumpstrom bei einer

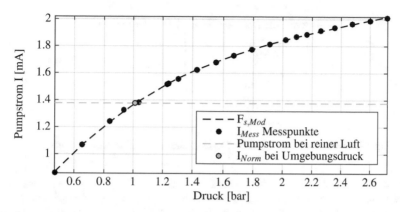

Abbildung 3.5: Abhängigkeit des Pumpstroms vom statischen Druck

Abweichung vom Umgebungsdruck. Es ist zu erkennen, dass der Pumpstrom in dieser statischen Messung nichtlinear vom Druck abhängt. Diese Nichtlinearität kann mit einem Polynom 3. Grades approximiert werden. Die Sensorkennlinie $f_{s,Mod}$ berechnet sich zu

$$f_{s,Mod}(p) = a_3\,p^3 + a_2\,p^2 + a_1\,p + a_0. \tag{3.2}$$

Die modellierte Sensorkennlinie ist in Abbildung 3.5 als gestrichelte, schwarze Linie dargestellt. Für den vorliegenden Sensor ergeben sich die Koeffizienten des Polynoms mit der Methode der kleinsten Quadrate zu $a_3 = 7.4 \cdot 10^{-20}$, $a_2 = -5.6 \cdot 10^{-14}$, $a_1 = 1.6 \cdot 10^{-8}$ und $a_0 = 2 \cdot 10^{-4}$.

Im Allgemeinen wird zur Kompensation einer Sensor-Nichtlinearität die inverse Kennlinie $f_s^{-1} = f_{s,Mod}^{-1}$ als Korrekturglied in Reihe geschaltet [31], wie Abbildung 3.6 zeigt. Dieses Vorgehen eignet sich zur Linearisierung einer Kennlinie. Da die Abhängigkeit des Pumpstroms vom anliegenden Druck für den Sauerstoffsensor jedoch nicht linearisiert, sondern gänzlich aufgehoben werden soll, wird im Folgenden ein alternativer Ansatz zur Kompensation der statischen Druckabhängigkeit des Sauerstoffsensors untersucht. Bei der beschriebenen Messung wurde die Sauerstoffkonzentration nicht beeinflusst. Es liegt demnach

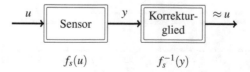

Abbildung 3.6: Kompensation der Sensor-Nichtlinearität durch Reihenschaltung mit der inversen Kennlinie

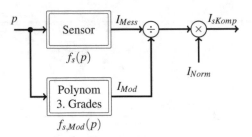

Abbildung 3.7: Kompensation der statischen Druckabhängigkeit des Sauerstoffsensors

während der gesamten Messung frische Luft am Sensor an. Der Sensor ist so konzipiert, dass der Pumpstrom bei Umgebungsdruck den richtigen Wert anzeigt. Folglich müsste der Pumpstrom bei einer idealen Kompensation der Druckabhängigkeit für diese Messung bei jedem Druck auf der gestrichelten, grauen Linie in Abbildung 3.5 liegen. Für die Kompensation wird deshalb aus dem gemessenen Druck p über die ermittelte Sensorkennlinie $f_{s,Mod}$ der modellierte Pumpstrom I_{Mod} ermittelt, wie die Abbildung 3.7 zeigt. Anschließend wird der statisch kompensierte Pumpstrom I_{sKomp} nach folgender Gleichung bestimmt:

$$I_{sKomp}(p) = \frac{I_{Mess}(p)}{I_{Mod}(p)} I_{Norm}(p_{Umg}). \tag{3.3}$$

Der Quotient $\frac{I_{Mess}(p)}{I_{Mod}(p)}$ gibt für den Fall von frischer Luft einen Wert von 1 aus. Bei einer Änderung der Sauerstoffkonzentration gibt der Quotient die relative Änderung gegenüber dem Pumpstrom bei Umgebungsdruck und frischer Luft $I_{Norm}(p_{Umg})$ an. Bei einem Blick

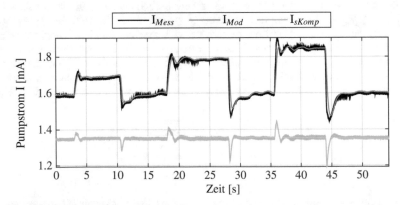

Abbildung 3.8: Messung, Modell und Ergebnis der statischen Druckkompensation im Vergleich

auf Abbildung 3.8 ist das zeitliche Verhalten der Größen I_{Mess}, I_{Mod} sowie I_{sKomp} zu sehen. Während dieser Messung wurde das Solldrehmoment sprunghaft verändert, wodurch der Druck am Sensor beeinflusst wurde. Die Sauerstoffkonzentration wurde wie zuvor nicht beeinflusst. Es ist zu erkennen, dass das Modell, hinter dem die modellierte Sensorkennlinie $f_{s,Mod}$ steht, die Messung des Pumpstroms I_{Mess} gut nachbildet. Der statisch kompensierte Pumpstrom I_{sKomp} ergibt sich somit zu einem im Mittel konstanten Wert von $\bar{I}_{sKomp} = 1.36$ mA. Durch das Einsetzen in die vom Sensorhersteller angegebene Formel zur Umrechnung des Pumpstroms in Sauerstoffvolumenprozent ergibt sich ein Wert von $\xi_{O2,V} = 20.93$ Vol.-%. Damit die statische Druckkompensation während des Betriebs des Sauerstoffsensors zum Einsatz kommen kann, muss der Druck in der Umgebung des Sensors als Signal zur Verfügung stehen. Im vorliegenden Motorkonzept ist an der gleichen Stelle im Gassystem des Motors serienmäßig ein Drucksensor verbaut (Abbildung 2.1), der hauptsächlich zur Ladedruckregelung des Motors verwendet wird.

Die gezeigte Messung in Abbildung 3.8 zeigt jedoch auch die Schwäche der bis hierhin rein statisch betrachteten Druckkompensation. Bei einer transienten Druckänderung, laufen der gemessene Pumpstrom und der modellierte Pumpstrom auseinander, wodurch auch Spitzen im statisch kompensierten Pumpstrom auftreten. Um diesen Effekt zu minimieren, soll im Folgenden das transiente Verhalten bei einer Druckänderung analytisch betrachtet werden und anschließend kompensiert werden. Die Abbildung 3.9 zeigt dazu einen einzelnen Sprung, bei dem das Solldrehmoment von 50 auf 150 Nm verändert wird. Der dazugehörige Druckverlauf zeigt einen verzögerten Anstieg von etwa $1.4 \cdot 10^5 \, \frac{N}{m^2}$ auf etwa $1.82 \cdot 10^5 \, \frac{N}{m^2}$. Der statisch kompensierte Pumpstrom I_{sKomp} verhält sich wie ein DT$_1$-Glied mit der Übertragungsfunktion im Bildbereich

$$\frac{I_{sKomp}(s)}{p(s)} = \frac{K \, s}{1 + T \, s}. \tag{3.4}$$

Das DT$_1$-Glied beschreibt, wie sich zeitliche Änderungen des Drucks p auf den Pumpstrom I auswirken. Mit der Messung aus Abbildung 3.8 werden nun der Verstärkungsfaktor K sowie die Zeitkonstante T mit den Methoden der Parameterschätzung (vgl. Abschnitt 4.4) offline ermittelt. Die Messung eignet sich gut für eine Identifikation, da hier Drucksprünge in verschiedener Amplitude auftreten und somit das System ausreichend angeregt wird.

Zur Kompensation der dynamischen Druckabhängigkeit wird der aus der Druckmessung resultierende Wert für den Pumpstrom im Anschluss an die Identifikation der Parameter des DT$_1$-Gliedes vom statisch kompensierten Pumpstrom subtrahiert, wie die Abbildung 3.10 als Erweiterung zu Abbildung 3.7 zeigt. Das Ergebnis der dynamischen Kompensation der Druckabhängigkeit ist in Abbildung 3.11 zu sehen. Hier ist der statisch sowie dynamisch kompensierte Pumpstrom einer Messung bei frischer Luft und verschiedenen Drucksprüngen abgebildet, wie bereits in Abbildung 3.8 gezeigt. Die Spitzen im statisch kompensierten Pumpstrom, die durch die sprunghafte Änderung des Drucks hervorgerufen werden, sind im dynamisch kompensierten Pumpstrom deutlich reduziert. Weiterhin konnten auch die Schwingungen reduziert werden. Das Ziel, über den gemessenen Pumpstrom des Sau-

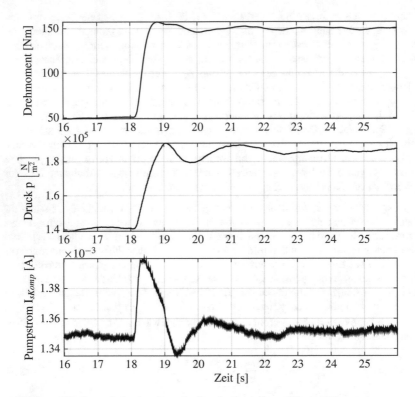

Abbildung 3.9: Dynamische Anregung des Drucks durch Drosselklappenöffnung

erstoffsensors lediglich Änderungen in der Sauerstoffkonzentration des Gasgemisches zu detektieren, kann nach der vorgestellten Druckkompensation weiter verfolgt werden. Der dynamisch kompensierte Pumpstrom I_{dKomp} zeigt unabhängig vom anliegenden Druck im Betrieb einen konstanten Wert mit geringen Abweichungen. An dieser Stelle sei darauf verwiesen, dass Drucksprünge mit der in der Messung gezeigten Dynamik im realen Motorbetrieb nicht vorkommen. Der Ladedruck des Motors wird hauptsächlich über die variable Turbinengeometrie (VTG) des Turboladers eingeregelt. Die Dynamik des Turboladers ist im Vergleich zur Drosselklappe jedoch wesentlich träger, da eine höhere Drehmasse (Turbinenrad, Welle, Verdichterrad) beschleunigt bzw. gebremst werden muss. Die Drosselklappe wurde hier verwendet, um den Sauerstoffsensor im maximal möglichen Bereich anregen zu können. Folglich werden die Spitzen im dynamisch kompensierten Pumpstrom im realen Motorbetrieb nur in abgeschwächter Form auftreten.

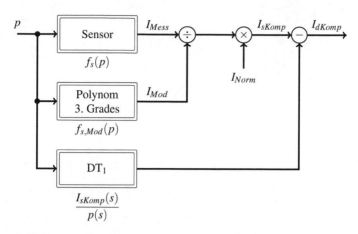

Abbildung 3.10: Kompensation der statischen sowie dynamischen Druckabhängigkeit des Sauerstoffsensors

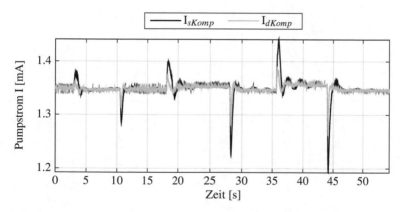

Abbildung 3.11: Statisch und dynamisch kompensierter Pumpstrom, Prüfstandsmessung

4 Physikalische Modellbildung des Gassystems

Ein Modell wird mit dem Ziel erstellt, die Realität mit Hilfe von physikalischen, chemischen und anderen Zusammenhängen in Form von mathematischen Gleichungen abzubilden. Die Aufgabe besteht dabei darin, alle wesentlichen Komponenten und Einflussgrößen, die für eine hohe Modellgüte notwendig sind, abzubilden. Damit die Komplexität des Modells beherrschbar bleibt, werden die für die Modellierungsaufgabe unwichtigen Einflüsse vernachlässigt. Im Folgenden werden Modelle für das Gassystem des Dieselmotors vorgestellt. Die Information des Sauerstoffsensors wird dabei für eine Vielzahl der Modelle genutzt. Weiterhin wird ein regelungsorientiertes Modell vorgestellt, welches die Basis für die im darauffolgenden Kapitel behandelten Regelungskonzepte zur Einstellung des Sauerstoffmassenanteils bildet.

4.1 Gassystem des Dieselmotors

Zur Modellierung des Luft- und Abgaspfades eines Verbrennungsmotors stehen verschiedene Modellansätze zur Verfügung, die in Tabelle 4.1 zusammengefasst sind. Für die echtzeitfähige Modellbildung und den Regelungsentwurf, die in den folgenden Kapiteln vorgestellt werden, scheiden ein- bzw. dreidimensionale instationäre Rechenverfahren aufgrund des großen Bedarfs an Rechenleistung und der fehlenden Echtzeitfähigkeit aus. Zur Modellierung des Luft- und Abgassystems des Dieselmotors sollen daher 0D-Modelle eingesetzt werden. Dabei wird die Annahme getroffen, dass das Gas in jedem Behälter ideal vermischt

Tabelle 4.1: Modellansätze zur Berechnung des Luft- und Abgaspfades [30, 46, 78]

	0D-Modelle	1D-Modelle	3D-Modelle
Vertreter	quasi-stationäre Methode, Füll- und Entleermethode	Charakteristiken-methode, Differenzenverfahren	CFD-Ansätze
Strömungsvorgänge	(quasi-) stationär	instationär	instationär
Modellkomplexität	gering	hoch	sehr hoch
Rechenzeit	klein	mittel	groß
Echtzeitfähigkeit	ja	nein	nein
Anwendung	**Regelungsentwurf**, HiL-**Simulation**, Diagnose, Parameterstudien	Parameterstudien, Motorentwicklung	Motorentwicklung

© Springer Fachmedien Wiesbaden GmbH, ein Teil von Springer Nature 2018
D. Schwarz, *Regelung des Dieselmotors*, AutoUni – Schriftenreihe 118,
https://doi.org/10.1007/978-3-658-21841-6_4

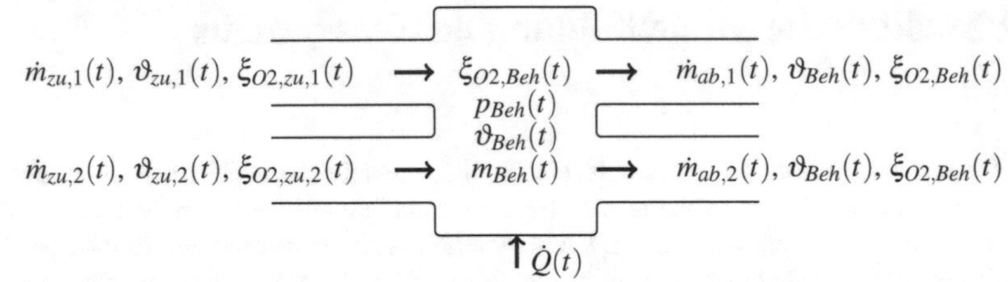

$$\dot{m}_{zu,1}(t),\ \vartheta_{zu,1}(t),\ \xi_{O2,zu,1}(t) \longrightarrow \xi_{O2,Beh}(t) \longrightarrow \dot{m}_{ab,1}(t),\ \vartheta_{Beh}(t),\ \xi_{O2,Beh}(t)$$
$$p_{Beh}(t)$$
$$\vartheta_{Beh}(t)$$
$$\dot{m}_{zu,2}(t),\ \vartheta_{zu,2}(t),\ \xi_{O2,zu,2}(t) \longrightarrow m_{Beh}(t) \longrightarrow \dot{m}_{ab,2}(t),\ \vartheta_{Beh}(t),\ \xi_{O2,Beh}(t)$$
$$\uparrow \dot{Q}(t)$$

Abbildung 4.1: Behälter im Gaspfad des Dieselmotors

ist und der thermodynamische Zustand somit innerhalb des Behälters an jeder Stelle gleich ist. Strömungsvorgänge werden als quasi-stationär betrachtet. Der Vorteil dieser Modellierungsmethode liegt in der geringen Modellkomplexität und Rechenzeit. Zudem können die echtzeitfähigen Gleichungen auf einem Steuergerät ausgewertet werden. Auch der Entwurf von Regelungskonzepten kann auf Basis der 0D-Modelle erfolgen. Als Standard für den Luft- und Abgaspfad hat sich der Ansatz konzentrierter Parameter (Füll- und Entleermethode) durchgesetzt. Dieser beschreibt den Luft- und Abgaspfad als eine alternierende Abfolge von Speicherbausteinen (Einlasssammler, Abgaskrümmer, Luftleitungen) und Drosselstellen (Ventile, Filter, Klappen). Eingangsgrößen der Behälterbausteine sind neben den zu- und abfließenden Massenströmen die spezifische Enthalpie sowie die Gaszusammensetzung der Zuströme. Ausgangsgrößen sind Behältertemperatur und -druck sowie die behälterinterne Gaszusammensetzung. In die Drosselersatzmodelle gehen neben der Temperatur des zuströmenden Gases die Drücke in den vor und nach der Drossel angeordneten Speicherelementen ein. Zu den Ausgangsgrößen zählen der austretende Massenstrom sowie die spezifische Enthalpie der Gasströmung. Eine detaillierte nulldimensionale Beschreibung aller im Luft- und Abgaspfad enthaltenen Bauteile wird in [78] vorgestellt. Im Folgenden sollen lediglich die für die folgenden Kapitel wichtigen Komponenten betrachtet werden.

4.1.1 Behälterersatzmodelle

Die einzelnen Behälter im Luftpfad des Dieselmotors sollen mit der Füll- und Entleermethode modelliert werden. Dabei stellen die Behälter Speicherelemente dar, deren Speicherverhalten durch gewöhnliche Differentialgleichungen beschrieben werden kann. Jeder Behälter wird dabei als instationäres offenes thermodynamisches System mit Zu- und Abflüssen für Massenströme und Enthalpie betrachtet. Das Arbeitsgas wird als Mischung idealer Gase mit den Komponenten Luft und verbrannter Kraftstoff behandelt. Unverbrannter flüssiger oder dampfförmiger Kraftstoff wird nicht berücksichtigt. Ein vereinfachtes Schema des Behälters zeigt Abbildung 4.1.

Die Massenbilanz ist gegeben durch

$$\frac{dm_{Beh}(t)}{dt} = \sum_{i=1}^{q} \dot{m}_{zu,i}(t) - \sum_{j=1}^{r} \dot{m}_{ab,j}(t). \tag{4.1}$$

Dabei bezeichnet q die Anzahl der zufließenden und r die Anzahl der abfließenden Massenströme. Im Luft- und Abgaspfad des Verbrennungsmotors treten dabei maximal zwei Zuströme (z.B. Mischbehälter Frischluft und AGR) bzw. maximal zwei Abströme (z.B. Aufteilung Abgasklappe und NDAGR-Klappe) auf.

Aus dem ersten Hauptsatz der Thermodynamik folgt unter Vernachlässigung der potenziellen und kinetischen Energie der Gasströme

$$\frac{du_{Beh}(t)}{dt} = \frac{d}{dt}[m_{Beh}(t)\,c_v\,\vartheta_{Beh}(t)]$$
$$= \dot{Q}(t) + \sum_{i=1}^{q} h_{zu,i}(t)\,\dot{m}_{zu,i}(t) - \sum_{j=1}^{r} h_{ab,j}(t)\,\dot{m}_{ab,j}(t). \tag{4.2}$$

Die Änderung der inneren Energie $u_{Beh}(t)$ setzt sich demnach aus der Summe der zu- und abfließenden Enthalpieströme und dem Wandwärmestrom $\dot{Q}(t)$ zusammen. c_v bezeichnet die Wärmekapazität bei konstantem Volumen des Gasgemisches. Als Vorzeichenkonvention soll gelten, dass dem System zugeführte Massen- und Energieströme positiv, vom System abgeführte Ströme hingegen negativ gerechnet werden. Aus (4.2) lässt sich die Temperatur des Gases im Behälter $\vartheta_{Beh}(t)$ als Differentialgleichung erster Ordnung zu

$$\dot{\vartheta}_{Beh}(t) = \frac{\vartheta_{Beh}(t)\,R_s}{p_{Beh}(t)\,V_{Beh}} \left[\frac{\dot{Q}(t)}{c_v} + \kappa \sum_{i=1}^{q} \dot{m}_{zu,i}(t)\,\vartheta_{zu,i}(t) \right.$$
$$\left. - \sum_{i=1}^{q} \dot{m}_{zu,i}(t)\,\vartheta_{Beh}(t) - \sum_{j=1}^{r} \dot{m}_{ab,j}(t)\,\vartheta_{Beh}(t)\,(\kappa-1) \right] \tag{4.3}$$

mit dem Isentropenexponenten κ herleiten:

$$\kappa = \frac{c_p}{c_v}. \tag{4.4}$$

Hierbei bezeichnet c_p die Wärmekapazität des Gases bei konstantem Druck. Die Differentialgleichung für den Druck im Behälter kann durch die zeitliche Ableitung der idealen Gasgleichung erhalten werden. Sie ergibt sich somit zu

$$\dot{p}_{Beh}(t) = \frac{d}{dt}\left(\frac{R_s\,m_{Beh}(t)\,\vartheta_{Beh}(t)}{V_{Beh}} \right)$$
$$= \frac{\kappa\,R_s}{V_{Beh}}\left[\sum_{i=1}^{q} \dot{m}_{zu,i}(t)\,\vartheta_{zu,i}(t) - \sum_{j=1}^{r} \dot{m}_{ab,j}(t)\,\vartheta_{Beh}(t) \right] + \frac{\kappa-1}{V_{Beh}}\dot{Q}(t). \tag{4.5}$$

Dabei fällt auf, dass die Differentialgleichungen für die Temperatur und den Druck des Behälters miteinander verkoppelt sind. Eine Vereinfachung der Differentialgleichung für den Druck kann erfolgen, wenn eine isotherme Zustandsänderung des Gases im Behälter angenommen wird. Die Gleichung vereinfacht sich dann zu

$$\dot{p}_{Beh}(t) = \frac{R_s\, \vartheta_{Beh}(t)}{V_{Beh}} \left[\sum_{i=1}^{q} \dot{m}_{zu,i}(t) - \sum_{j=1}^{r} \dot{m}_{ab,j}(t) \right]. \tag{4.6}$$

Die Qualität der Gasmasse in einem Behälter soll durch den Sauerstoffmassenanteil beschrieben werden. Zur Herleitung der Differentialgleichung wird zunächst eine Sauerstoffmassenbilanz für den Behälter gemäß (4.1) aufgestellt zu

$$\frac{dm_{O2,Beh}(t)}{dt} = \sum_{i=1}^{q} \dot{m}_{O2,zu,i}(t) - \sum_{j=1}^{r} \dot{m}_{O2,ab,j}(t). \tag{4.7}$$

Hierbei bezeichnet $m_{O2,Beh}$ die Sauerstoffmasse in einem Behälter, die über die Beziehung

$$m_{O2,Beh}(t) = \xi_{O2,Beh}(t)\, m_{Beh}(t) \tag{4.8}$$

als Produkt aus Sauerstoffmassenanteil $\xi_{O2,Beh}$ und Gasmasse im Behälter beschrieben wird. Nach Einsetzen von (4.1) und (4.8) in (4.7)

$$\begin{aligned}
\frac{d\left[\xi_{O2,Beh}(t)\, m_{Beh}(t) \right]}{dt} &= \frac{d\xi_{O2,Beh}(t)}{dt} m_{Beh}(t) + \frac{dm_{Beh}(t)}{dt} \xi_{O2,Beh}(t) \\
&= \sum_{i=1}^{q} \xi_{O2,zu,i}(t)\, \dot{m}_{O2,zu,i}(t) - \sum_{j=1}^{r} \xi_{O2,ab,j}(t)\, \dot{m}_{O2,ab,j}(t)
\end{aligned} \tag{4.9}$$

und der Substitution von m_{Beh} durch die ideale Gasgleichung

$$m_{Beh}(t) = \frac{R_s\, \vartheta_{Beh}(t)}{p_{Beh}(t)\, V_{Beh}} \tag{4.10}$$

sowie der Vereinfachung $\xi_{O2,ab} = \xi_{O2,Beh}$ kann die Differentialgleichung erster Ordnung für den Sauerstoffmassenanteil zu

$$\frac{d\xi_{O2,Beh}(t)}{dt} = \frac{R_s\, \vartheta_{Beh}(t)}{p_{Beh}(t)\, V_{Beh}} \sum_{i=1}^{q} \left[\xi_{O2,zu,i}(t) - \xi_{O2,Beh}(t) \right] \dot{m}_{zu,i}(t) \tag{4.11}$$

bestimmt werden.

Die hergeleiteten Gleichungen für die Gasmasse, Temperatur, Druck sowie Sauerstoffmassenanteil im Behälter gelten allgemein für alle Speicherbausteine des Luft- und Abgaspfades. Im Falle der luftführenden Komponenten des Einlasssystems lassen sich die Beziehungen sogar vereinfachen: Aufgrund des niedrigen Temperaturniveaus sind Wandwärmeverluste zu vernachlässigen ($\dot{Q} = 0$). Zudem können die spezifischen Wärmekapazitäten (c_p, c_V) als konstant angenommen werden [78].

4.1.2 Drosselersatzmodelle

Das Druckgefälle zweier benachbarter Behälter ruft einen Massenstrom durch die dazwischenliegende Drosselstelle hervor, dessen Betrag vom Strömungswiderstand der Drossel abhängt. Je nach Größe der auftretenden Gasgeschwindigkeiten kann die Strömung dabei als inkompressibel oder kompressibel betrachtet werden. Ein weiteres Merkmal zur Charakterisierung der Drosselvorgänge stellt der Wärmeaustausch mit der Umgebung dar. Während die Wärmeverluste im Luftfilter oder in der NDAGR-Klappe unberücksichtigt bleiben können, müssen die Wärmeabfuhr im Ladeluftkühler und im AGR-Kühler bei der Modellierung mit berücksichtigt werden. Insgesamt lassen sich die verschiedenen Drosseltypen durch diese Merkmale auch in ihrer mathematischen Beschreibung unterscheiden.

Bei niedrigen Strömungsgeschwindigkeiten aufgrund von geringem Druckabfall kann der Massenstrom durch den Ausdruck für reibungsbehaftete inkompressible Strömung zu

$$\dot{m} = C_{Dr}\, A_{bez} \sqrt{\frac{2\, p_{zu}}{R_s\, \vartheta_{zu}}}\ \sqrt{p_{zu} - p_{ab}} \qquad (4.12)$$

physikalisch beschrieben werden. Dabei bezeichnet C_{Dr} die Durchflusszahl und A_{bez} die Querschnittfläche. Die Durchflusszahl berücksichtigt Reibungs- und Kontraktionseffekte der Strömung und ist von Geometrieparametern, der Reynoldszahl und der Rauigkeit der Kanalwandung abhängig [67]. Für Drosselstellen wie dem Luftfilter, dem Ladeluftkühler oder auch dem AGR-Kühler kann für die Querschnittfläche die Austrittsöffnung der Komponente gewählt werden. Die Gleichung kann aufgrund der geringen Druckverhältnisse als Approximation auch für die Berechnung des Massenstroms durch die NDAGR-Klappe sowie durch die Abgasklappe (AKL) herangezogen werden. Für diesen Fall ist die Bezugsfläche eine Funktion vom Öffnungswinkel α_{Dr} bzw. von der normierten Stellposition $\tilde{s}_{Dr}$,

$$A_{bez} = f(\alpha_{Dr}) = f(\tilde{s}_{Dr}). \qquad (4.13)$$

Bei anderen Drosselstellen mit veränderlichem Querschnitt, wie der DKL, der HDAGR-Klappe oder auch des variablen Ventiltriebs (VVT) treten aufgrund von hoher Druckverhältnisse gerade bei kleinen Öffnungsflächen große Strömungsgeschwindigkeiten bis hin zur Schallgeschwindigkeit auf. Daher wird der Massenstrom für diese Komponenten über die Durchflussgleichung für reibungsbehaftete kompressible Strömung bestimmt, bei der zwischen unter- und überkritischen Druckverhältnissen unterschieden wird

$$\dot{m} = c_{Dr}\, A_{bez}(\tilde{s}_{Dr}) \frac{p_{zu}}{\sqrt{R_s\, \vartheta_{zu}}} \sqrt{\frac{2\kappa}{\kappa - 1}\left[(\Pi)^{\frac{2}{\kappa}} - (\Pi)^{\frac{\kappa+1}{\kappa}}\right]}. \qquad (4.14)$$

Dabei steht Π für das Druckverhältnis zwischen Aus- und Eintritt der Drosselstelle. Für die spezifische Gaskonstante R_s und den Isentropenexponenten κ können die entsprechenden Werte für Luft oder Verbrennungsgas verwendet werden. Bei der betrachteten Gleichung wird die in der Realität vorhandene Leckage bei geschlossener Drossel vernachlässigt. Die Abbildung 4.2 zeigt beispielhaft eine Klappe mit veränderlichem Querschnitt.

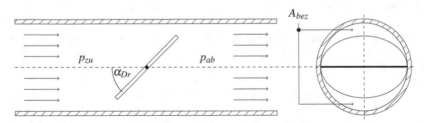

Abbildung 4.2: Schaubild einer Drosselstelle mit veränderlichem Querschnitt

Für die Beschreibung der Durchflusszahl C_{Dr} sowie für die Öffnungsfläche der jeweiligen Drossel A_{bez} können im Weiteren physikalische Gleichungen hergeleitet werden, die die Abhängigkeit der Größen von Geometrie- und Stoffwerten beschreiben, wie zum Beispiel [78] zeigt. In dieser Arbeit soll zur Bestimmung von C_{Dr} und A_{bez} ein aus experimentellen Messungen erstelltes Kennfeld herangezogen werden (Abschnitt 4.4).

Die Tabelle 4.2 zeigt die Beziehung zwischen minimalen und maximalen Öffnungswinkel α_{Dr} der jeweiligen Drossel zur normierten Stellposition $\tilde{s}_{Dr}$. Die Klappen sind konstruktiv so ausgelegt, dass eine Feder die Klappe in einen Anschlag zieht. Der Anschlag ist die Position, die im Falle eines Fehlers zu möglichst geringem Schaden führt (Fail-Safe-Position). In der Motorsteuerung entspricht diese Position stets 0 %, 100 % entspricht einer vollen Ansteuerung der Klappe. Die Tabelle zeigt, dass die Fail-Safe-Position für die einzelnen Klappen unterschiedlich ausgelegt sind. Im Falle eines Motorausfalls oder auch der Abschaltung des Motors öffnen die DKL, Variable Turbinengeometrie (VTG) und die AKL, damit der Druck im System entweichen kann. Die beiden AGR-Klappen hingegen schließen in diesem Fall.

4.1.3 Abgas-Turbolader

Zur Modellierung der Strömungsvorgänge des Abgasturboladers stehen ebenfalls null-, einsowie mehrdimensionale Ansätze zur Verfügung. Aus den bereits genannten Gründen kann für eine echtzeitfähige Modellierung auch hier wieder die nulldimensionale Modellierung

Tabelle 4.2: Beziehung zwischen Öffnungswinkel und normierter Stellposition der im Gassystem vorhandenen Klappen

Winkel	Normierte Stellposition				
	DKL	VTG	AKL	HDAGR-Klappe	NDAGR-Klappe
α_{Dr}	$\tilde{s}_{DKL}$	$\tilde{s}_{VTG}$	$\tilde{s}_{AKL}$	$\tilde{s}_{HDAGR}$	$\tilde{s}_{NDAGR}$
0° (geschlossen)	100 %	100 %	100 %	0 %	0 %
90° (offen)	0 %	0 %	0 %	100 %	100 %

genutzt werden. Dabei stellen kennfeldbasierte Ansätze den Stand der Technik dar [47]. Im Sinne der Füll- und Entleermethode können der Verdichter und die Turbine als Drosselstellen mit Aufnahme bzw. Abgabe mechanischer Energie aufgefasst werden. Das Laufzeug stellt bedingt durch sein Trägheitsmoment einen mechanischen Energiespeicher dar. Die Berechnung der Modellausgangsgrößen (Massenstrom, spezifische Enthalpie, Wellenleistung) stützt sich auf spezielle standardisierte Kennfelder, welche von den Turboladerherstellern auf Heißgasprüfständen vermessen und dem Anwender zur Verfügung gestellt werden [78]. So können aus Messgrößen wie den Druckverhältnissen und der VTG-Stellposition, Größen wie Massenströme oder Wirkungsgrade über die Turbine oder den Verdichter bestimmt werden. Als Alternative zur kennfeldbasierten Bestimmung können auch neuronale Netze oder eine detaillierte Modellierung in Abhängigkeit physikalischer Beziehungen erfolgen, wie [78] zeigt.

4.2 Modellbildung der Zylindergruppe

In den Zylindern wechseln sich verschiedene Prozesse innerhalb kürzester Zeit ab. Zu den Prozessen gehören die Einspritzung, Strahlausbreitung, Gemischbildung, Zündung, Verbrennung, Schadstoffbildung sowie der Ladungswechsel. Alle Prozesse wiederholen sich alle zwei Motorumdrehungen für einen Zylinder bei einem Viertakt-Motor. Ausgehend von einem Drehzahlband von etwa 800 bis 5000 $\frac{U}{min}$ für einen Dieselmotor, ergeben sich gemäß

$$\tau = \frac{60\,z_U}{n} \qquad (4.15)$$

Zeiten τ von 20 ms bis etwa 133 ms für den Ablauf aller Prozesse. Dabei beschreibt z_U die Anzahl an Motorumdrehungen pro Arbeitsspiel und n die Drehzahl des Motors. Bei mehreren Zylindern laufen die Prozesse dann seriell in Abhängigkeit der Zündreihenfolge der Zylinder ab.

Zur echtzeitfähigen Modellierung der Prozesse stehen aufgrund der geringen Zeit erneut nulldimensionale Modelle im Vordergrund. Hierbei werden im Weiteren die Zustände im Zylinder als örtlich gleichverteilt und homogen (Einzonenmodell) betrachtet, um die Modellkomplexität weiter vereinfachen zu können [78]. Damit werden die in der Realität ablaufenden Prozesse jedoch stark vereinfacht. Gerade beim Dieselmotor, bei dem die Kraftstoffeinspritzung üblicherweise erst kurz vor dem oberen Totpunkt (OT) stattfindet, ist die Zeit zur Gemischbildung sehr gering, sodass Einspritzung, Gemischbildung und Verbrennung teilweise simultan ablaufen. Zur genaueren Modellierung der Zylinderprozesse sei an dieser Stelle auf mehrzonige Modelle wie phänomenologische Modelle [49] oder auch 3D-Modelle [69] verwiesen.

Die nulldimensionalen Einzonenmodelle des Zylinders unterscheiden sich weiterhin in Mittelwertmodelle sowie arbeitstaktsynchrone Modelle. Beim Mittelwertmodell werden alle Zustände des Zylinders über ein Arbeitsspiel gemittelt betrachtet. Somit werden die Vorgänge in den Zylindern nicht selektiv voneinander modelliert, sondern als Gesamtsystem.

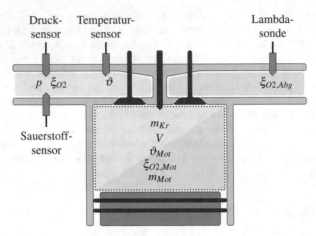

Abbildung 4.3: Abbildung des Motors durch einen Zylinder

Die Modellkomplexität sowie die Rechenlast ist gering. Beim arbeitstaktsynchronen Motormodell können innermotorische Größen wie der Zylinderdruck kurbelwinkelsynchron und zylinderindividuell berechnet werden. Dadurch können auch die durch den zyklischen Arbeitsprozess hervorgerufenen Schwingungen im Ansaug- und Abgastrakt nachgebildet werden. Die physikalische Abbildung des Systems ist somit detaillierter. Die Rechenlast ist dadurch jedoch höher als bei den Mittelwertmodellen. Diese kommen für derzeitige Motorsteuerungen zum Einsatz, während arbeitstaktsynchrone Motormodelle vermehrt für echtzeitfähige Hardware-in-the-Loop (HiL)-Simulationen [78] eingesetzt werden.

4.2.1 Mittelwertmodell der Zylinderfüllung

Beim Mittelwertmodell werden alle Zylinder zu einem Zylinder zusammengefasst. Dabei wird davon ausgegangen, dass sich alle Zylinder in ihrem Ladungswechsel und der Verbrennung identisch verhalten. Es ist somit nur ein Modell zur Beschreibung der Prozesse nötig. Die Volumen sowie die Einspritzmengen der einzelnen Zylinder werden zusammengefasst betrachtet. Die Ausgangsgrößen des Zylindermodells stellen über ein Arbeitsspiel und über alle Zylinder gemittelte Werte dar. Die Abbildung 4.3 zeigt den Motor vereinfacht als einen Zylinder.

Das Ansaugverhalten des Motors kann über das Modell einer volumetrischen Pumpe beschrieben werden [78]. Der angesaugte Luftmassenstrom ergibt sich zu

$$\dot{m}_{Mot} = \frac{1}{2} \lambda_A \, n \, V \frac{p}{R_s \, \vartheta} \,, \tag{4.16}$$

wobei λ_A für den Luftaufwand, n für die Motordrehzahl, p für den Ladedruck und ϑ für die Ladelufttemperatur steht. Das Gesamtvolumen V setzt sich aus der Zylinderanzahl und den Volumina der einzelnen Zylinder $V = z_{Zyl}\, V_{Zyl}$ zusammen. Der Luftaufwand charakterisiert die Strömungsverluste im Einlassventilbereich sowie im Zylinder und wird als Kennfeld in Abhängigkeit der Motordrehzahl, des Ladedrucks und des Abgasgegendrucks aus Messdaten identifiziert

$$\lambda_A = f(n, p, p_{Abg}). \tag{4.17}$$

Eine weitere Möglichkeit über ein Mittelwertmodell die Gasmasse im Zylinder zu bestimmen, ist die Bestimmung über die ideale Gasgleichung

$$m_{Mot} = \frac{p_{Mot}\, V}{R_s\, \vartheta_{Mot}}. \tag{4.18}$$

Da, bis auf einen Drucksensor (Serie), der Einbau von Sensoren im Zylinder kaum realisiert werden kann, sind in der Literatur [36, 42, 50, 54] zur Bestimmung der notwendigen Größen p_{Mot} und ϑ_{Mot} verschiedene empirische Ansätze zu finden. Viele davon nutzen Sensorsignale außerhalb der Zylinder wie den Ansaug- oder Abgasdruck oder auch die Ansaugtemperatur.

4.2.2 Mittelwertmodell des Sauerstoffmassenanteils

Neben der Zylinderfüllung ist die Beschreibung der Qualität der Füllung eine maßgebliche Größe zur Beeinflussung der Emissionen. Diese kann über die AGR-Rate beschrieben werden. Wie in Abschnitt 2.2.4 beschrieben, bietet der Sauerstoffmassenanteil eine genauere Beschreibung der Qualität der Füllung. Über ein Mittelwertmodell kann die Änderung des Sauerstoffmassenanteils im Zylinder durch die Verbrennung mit Hilfe einer Sauerstoffmassenbilanz zu

$$\xi_{O2,Abg} = \frac{\xi_{O2,Mot}\, \dot{m}_{Mot} - \xi_{O2,Umg}\, L_{st}\, \dot{m}_{Kr}}{\dot{m}_{Mot} + \dot{m}_{Kr}} \tag{4.19}$$

bestimmt werden. Der Sauerstoff, der nach der Verbrennung im Abgas verbleibt, auch Restsauerstoff genannt, kann somit aus der Umsetzung des eingespritzten Kraftstoffs $\dot{m}_{Kr}$ in der Zylinderfüllung $\dot{m}_{Mot}$ beschrieben werden. Zur Beschreibung dieser Umsetzung wird das stöchiometrische Sauerstoffverhältnis als Produkt des stöchiometrischen Luftverhältnisses L_{st} und des Sauerstoffmassenanteils von Luft $\xi_{O2,Umg}$ benötigt. Die Gleichung beschreibt eine Verbrennung mit einer perfekten Durchmischung von Gasmasse und Kraftstoff [64].

Der Sauerstoffmassenanteil im Abgas $\xi_{O2,Abg}$ lässt sich über eine Lambdasonde im Abgas messen. Der Zusammenhang der beiden Größen kann durch

$$\xi_{O2,Abg} = \left(1 - \frac{1}{\lambda_{Abg}}\right) \xi_{O2,Umg} \tag{4.20}$$

gut approximiert werden. Die Kraftstoffmenge stimmt aufgrund geringer Injektortoleranzen in guter Näherung mit der Solleinspritzmenge überein. Gemäß der Annahme, die Gasmasse sei durch andere, bereits beschriebene Modelle bekannt, kann also durch eine Umstellung von (4.19) auf den unbekannten Sauerstoffmassenanteil in den Zylindern vor der Verbrennung

$$\xi_{O2,Mot} = \xi_{O2,Abg} + \left(\xi_{O2,Abg} + \xi_{O2,Umg}\ L_{st} \right) \frac{\dot{m}_{Kr}}{\dot{m}_{Mot}} \tag{4.21}$$

geschlossen werden.

Restgas und Innere AGR

Mit dem Wissen über den Sauerstoffmassenanteil im Zylinder vor der Verbrennung können weitere, für die Verbrennung interessante Größen berechnet werden. So kann beispielsweise die vor der Verbrennung im Zylinder befindliche Menge an Abgas bestimmt werden. Diese setzt sich aus Anteilen von Restgas, interner sowie externer AGR zusammen. Dazu soll zunächst die Sauerstoffmassenbilanz im Zylinder vor Einbringung des Kraftstoffs betrachtet werden:

$$\xi_{O2,Mot} = \frac{\xi_{O2,zu}\ \dot{m}_{zu} + \xi_{O2,Abg}\ \dot{m}_{iAGR}}{\dot{m}_{zu} + \dot{m}_{iAGR}}. \tag{4.22}$$

Hierbei beschreibt $\xi_{O2,zu}$ den Sauerstoffmassenanteil der Ladeluft, der über den in diesem Konzept betrachteten Sauerstoffsensor erfasst werden kann. $\dot{m}_{zu}$ ist der Gasmassenstrom, der den Zylindern neu zugeführt wird und $\dot{m}_{iAGR}$ beschreibt den gesuchten Massenstrom an zurückgeführtem Abgas. Der zugeführte Gasmassenstrom $\dot{m}_{zu}$ kann über einen Luftmassenmesser im Einlass des Gaspfades bestimmt werden. Da dieser Sensor anfällig gegen Verschmutzung ist, wird der Luftmassenmesser in den meisten Motorkonzepten noch vor der Einleitung von NDAGR eingesetzt. Daher kann der Sensorwert zur Bestimmung von $\dot{m}_{zu}$ auch nur verwendet werden, wenn keine NDAGR aktiv ist. Eine alternative Bestimmung des zugeführten Gasmassenstroms liefert der statische Ansatz

$$\dot{m}_{zu} = \dot{m}_{Mot} - \dot{m}_{iAGR}. \tag{4.23}$$

Das Einsetzen von (4.23) in (4.22) und das Umstellen der Gleichung führt zu der gesuchten Menge an iAGR

$$\dot{m}_{iAGR} = \frac{\xi_{O2,Mot} - \xi_{O2,zu}}{\xi_{O2,Abg} - \xi_{O2,zu}}\ \dot{m}_{Mot} \tag{4.24}$$

Dieser Ausdruck beschreibt die Abgasmenge in den Zylindern bei geschlossenen Ventilen. Die Abgasmenge kann sich je nach Konzept der Abgasrückführung aus Restgas, reaspirativen Gas und HDAGR zusammensetzen. Der Ansatz ist also universell einsetzbar. Für den Fall, dass keine AGR aktiv zugeschaltet ist, beschreibt $\dot{m}_{iAGR}$ den Restgasmassenstrom in den Zylindern. Bei aktiver AGR beschreibt $\dot{m}_{iAGR}$ einen Mix aus Restgas und der jeweiligen AGR-Art. Eine Aufschlüsselung der Anteile der jeweiligen AGR-Arten ist mit diesem An-

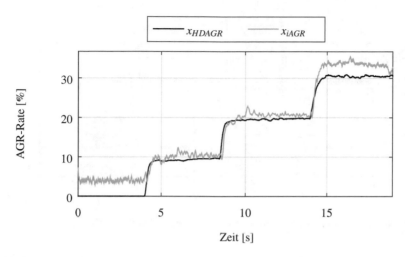

Abbildung 4.4: Vergleich von Ansätzen zur Bestimmung der AGR-Rate

satz nicht möglich. Im Weiteren kann die AGR-Rate als Quotient des iAGR-Massenstroms $\dot{m}_{iAGR}$ zum Gesamtmassenstrom $\dot{m}_{Mot}$ zu

$$x_{iAGR} = \frac{\dot{m}_{iAGR}}{\dot{m}_{Mot}} \qquad (4.25)$$

bestimmt werden [64].

Im Folgenden soll die Güte dieses Ansatzes bewertet werden. Dazu wird zunächst eine Messung an einem Motor mit HDAGR-Strecke, jedoch ohne Möglichkeit einer iAGR, gezeigt. Zur Bestimmung des Massenstroms durch die HDAGR-Klappe wird üblicherweise eine Drosselgleichung gemäß (4.14) verwendet. Zur Bestimmung der HDAGR-Rate x_{HDAGR} wird der HDAGR-Massenstrom mit dem Gesamtmassenstrom wie in (4.25) verrechnet. Die Abbildung 4.4 zeigt nun beide Ansätze im Vergleich. Zu sehen ist eine Messung über der Zeit, bei der die HDAGR-Klappe stufenweise geöffnet wurde. Der Motorbetriebspunkt ist konstant. Dabei fällt auf, dass die beiden Verläufe sehr ähnliche Ergebnisse zeigen. Der Ansatz zur Bestimmung der iAGR zeigt einen konstanten Offset gegenüber der HDAGR-Rate. Dies ist damit zu erklären, dass die iAGR-Rate ein Mix aus HDAGR-Rate und Restgasrate beschreibt. Die Höhe der Restgasrate kann zu der Zeit abgelesen werden, bei der die HDAGR-Klappe geschlossen ist. Für diesen Motor bei diesem Betriebspunkt ergibt sich ein Restgasgehalt von etwa 4 %, was laut [53] einem üblichen Wert bei einem Dieselmotor entspricht. Es sei an dieser Stelle darauf verwiesen, dass beide in der Abbildung gezeigten Raten aus Modellansätzen stammen. Sie unterliegen damit beide vereinfachenden Modellannahmen.

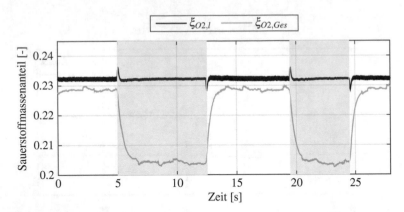

Abbildung 4.5: Sauerstoffmassenanteil der Ladeluft und im Zylinder bei iAGR

Zur Validierung des vorgestellten Modellansatzes zur Bestimmung des Sauerstoffmassenanteils in den Zylindern soll weiterhin die Beeinflussung durch iAGR gezeigt werden. Dazu werden Messungen an einem Motor mit festem Zweithub auf der Einlassseite als Beispiel für iAGR aufgenommen. Die Abbildung 4.5 zeigt den Sauerstoffmassenanteil der Ladeluft, gemessen mit dem in Kapitel 3 vorgestellten Sauerstoffsensor und der Zylinder über der Zeit. In den grau-schattierten Zeitabschnitten ist der Zweithub aktiv, sodass reaspiratives Gas während des Ausstoßtaktes in das Saugrohr gedrückt wird. Ansonsten ist während der Messung keine weitere AGR-Art aktiv. Das zeigt auch der Sauerstoffsensor, der über die gesamte Messzeit einen konstanten Wert von $\xi_{O2,zu} \approx \xi_{O2,Umg} = 0.2315$ ausgibt. Der Sauerstoffmassenanteil in den Zylindern $\xi_{O2,Mot}$ weicht von diesem Wert bereits ab, wenn noch keine AGR durch Abgasvorlagern aktiv ist. Dies ist erneut mit dem Restgas zu erklären, das stets in den Zylindern verbleibt. Bei der Zuschaltung des Zweithubs bzw. der Aktivierung der iAGR fällt der Sauerstoffmassenanteil weiter ab. Für diesen Motorbetriebspunkt liegt der Wert bei etwa 0.204. Ein Blick auf den iAGR-Massenstrom in Abbildung 4.6 zeigt die Menge an zurückgeführtem Abgas. Zusätzlich ist in der Abbildung der Frischluftmassenstrom gezeigt, der über den HFM gemessen werden kann. Es ist zu erkennen, dass der Frischluftmassenstrom $\dot{m}_{HFM}$ bei zugeschaltetem Zweithub um den gleichen Betrag sinkt, um den der iAGR-Massenstrom $\dot{m}_{iAGR}$ steigt. Die Frischluftmasse wird in diesem Fall durch die iAGR-Masse ersetzt, der Gesamtmassenstrom $\dot{m}_{Mot}$ bleibt konstant. Der zeitliche Verlauf der iAGR-Rate ist in Abbildung 4.7 zu sehen. Auch für diesen Fall stellt sich eine Restgasrate von etwa 4 % ein, wie bereits bei der Messung mit HDAGR. Bei aktiver iAGR steigt die iAGR-Rate in dieser Messung auf einen Wert von etwa 25 %. Es sei darauf hingewiesen, dass die Masse an iAGR aufgrund der festen Geometrie des Zweithubs sowohl von der Öffnungsfläche des Zweithubs als auch vom Motorbetriebspunkt und den damit verbundenen Druckverhältnissen abhängig ist. Der vorgestellte Modellansatz bezieht sich dabei auf Sensorwerte im Gaspfad außerhalb des Motors. Mit Ausnahme des Sauerstoffsensors im Saugrohr werden hierfür Seriensensoren verwendet.

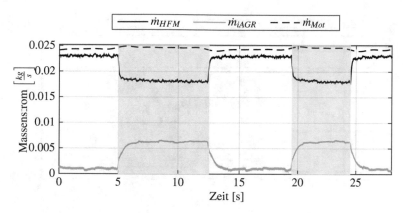

Abbildung 4.6: Massenstrom der iAGR und der gemessenen Frischluft

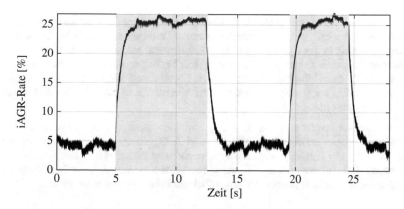

Abbildung 4.7: iAGR-Rate

Scavenging

Neben der iAGR kann bei gleichzeitigem Öffnen der Ein- und Auslassventile auch der Fall Scavenging auftreten. Hierbei ist das Druckverhältnis vor Motor zu nach Motor so ausgeprägt, dass Ladeluft unverbrannt durch die Zylinder in den Abgaskrümmer gelangt. Zur Beschreibung der Masse an durchgespülter Ladeluft soll im Folgenden auch ein Mittelwertmodell vorgestellt werden. Dazu soll erneut (4.19) in leicht abgewandelter Form betrachtet werden:

$$\xi_{O2,Abg,Max} = \frac{\xi_{O2,zu}\,\dot{m}_{Mot} - \xi_{O2,Umg}\,L_{st}\,m_{Kr}}{\dot{m}_{Mot} + \dot{m}_{Kr}}. \tag{4.26}$$

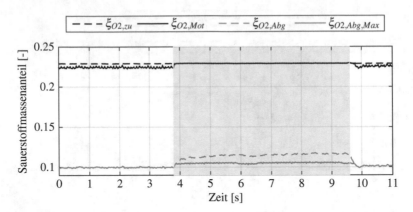

Abbildung 4.8: Verschiedene Sauerstoffmassenanteile bei einer Messung mit Scavenging

Hierbei kommt die Annahme zum Tragen, dass beim Scavenging das Restgas komplett aus den Zylindern ausgespült wird und somit der Sauerstoffmassenanteil der Ladeluft dem Sauerstoffmassenanteil in den Zylindern vor der Verbrennung entspricht. Dadurch kann der Sauerstoffmassenanteil, der nach der Umsetzung des Kraftstoffs durch die Verbrennung im Abgas verbleibt, über (4.26) beschrieben werden. Es sei darauf hingewiesen, dass die Annahme eines restlos ausgespülten Zylinders eine Vereinfachung darstellt. In der Realität kann dies nicht ganz gewährleistet werden.

Im Abgaskrümmer kommt es durch die unterschiedliche Zündung und dem unterschiedlichen Ladungswechsel der einzelnen Zylinder zu einer Durchmischung von Frischluft und Abgas. Der über die Lambdasonde im Abgas gemessene Sauerstoffmassenanteil $\xi_{O2,Abg}$ unterscheidet sich dadurch vom modellierten Wert beim Scavenging. Diese Mischung der beiden Massenströme kann über eine Sauerstoffmassenbilanz im Abgaskrümmer zu

$$\xi_{O2,Abg} = \frac{\xi_{O2,Abg,Max} \left(\dot{m}_{Mot} + \dot{m}_{Kr} \right) + \xi_{O2,zu} \, \dot{m}_{Scav}}{\dot{m}_{Mot} + \dot{m}_{Kr} + \dot{m}_{Scav}} \qquad (4.27)$$

beschrieben werden. Nach dem Umstellen der Gleichung ergibt sich der gesuchte Scavengingmassenstrom zu

$$\dot{m}_{Scav} = \frac{\xi_{O2,Abg,Max} - \xi_{O2,Abg}}{\xi_{O2,Abg} - \xi_{O2,zu}} \left(\dot{m}_{Mot} + \dot{m}_{Kr} \right). \qquad (4.28)$$

Damit der Scavengingmassenstrom korrekt berechnet werden kann, sind auch hier, wie schon bei der Berechnung der iAGR-Masse, ein gutes Modell für den Gesamtladungsmassenstrom $\dot{m}_{Mot}$ sowie eine korrekte Bestimmung des Kraftstoffmassenstroms $\dot{m}_{Kr}$ notwendig [64].

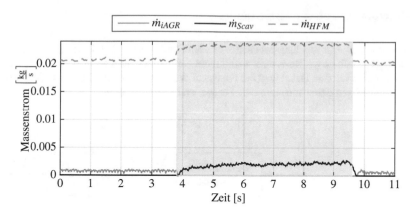

Abbildung 4.9: Massenströme bei einer Messung mit Scavenging

Im Folgenden soll eine Messung durchgeführt werden, die die Modellgrößen im Fall von Scavenging zeigt. Dazu wird der gleiche Motor mit einem Zweithub auf der Einlassseite verwendet, mit dem bereits die Messungen für iAGR durchgeführt wurden. Es wird ein Motorbetriebspunkt gewählt, bei dem der Druck vor dem Motor größer ist als nach dem Motor. Die Abbildung 4.8 zeigt die Messung über der Zeit. In dem grau-schattierten Zeitabschnitt ist der Zweithub zugeschaltet bzw. Scavenging aktiv. Dargestellt sind die Sauerstoffmassenanteile der Ladeluft $\xi_{O2,zu}$, der Zylinderfüllung $\xi_{O2,Mot}$, des Abgases nach der Verbrennung $\xi_{O2,Abg,Max}$ und des Abgases gemessen an der Lambdasonde $\xi_{O2,Abg}$. Bevor Scavenging zugeschaltet wird, unterscheiden sich $\xi_{O2,zu}$ und $\xi_{O2,Mot}$ aufgrund des Restgases voneinander. Nach dem Zuschalten des Zweithubs ist das Restgas ausgespült und die beiden Sauerstoffmassenanteile sind gleich. Auf der Abgasseite unterscheiden sich dann $\xi_{O2,Abg,Max}$ und $\xi_{O2,Abg}$ aufgrund der durchgespülten Ladeluft. Ein Blick auf die Abbildung 4.9 zeigt die Massenströme, die sich für diese Messung ergeben. Vor dem Zuschalten des Zweithubs ist noch Restgas in den Zylindern, deren Masse nach (4.24) berechnet wird. Bei der Aktivierung von Scavenging geht die Restgasmasse zu Null und der Scavengingmassenstrom steigt. Dieser Anstieg ist in gleicher Höhe auch im gemessenen Frischluftmassenstrom $\dot{m}_{HFM}$ zu sehen.

Mit dem vorgestellten Mittelwertmodell des Motors können für die Verbrennung wichtige Größen mit Hilfe von Sensoren außerhalb des Motors bestimmt werden. Neben der Zylinderfüllung und des Sauerstoffmassenanteils vor der Verbrennung können durch vereinfachende Annahmen Modelle für Restgas, HDAGR, iAGR oder auch Scavenging aufgestellt werden.

4.3 Regelungsorientierte Modellbildung

Im Folgenden soll eine regelungsorientierte Modellbildung der NDAGR-Strecke mit dem Ziel der Reglersynthese auf Basis eines vereinfachten Ersatzschaltbilds entsprechend Abbildung 4.10 erstellt werden. Dabei liegt der Fokus auf den für die Modellbildung des Systems absolut notwendigen Komponenten sowie Sensor- und Aktorsignalen.

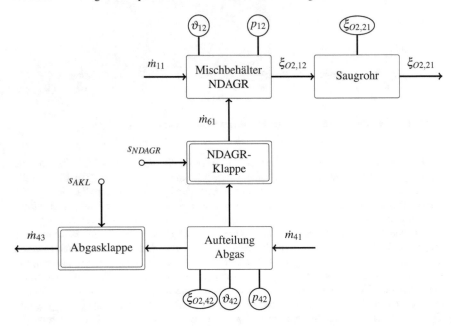

Abbildung 4.10: Ersatzschaltbild für die regelungsorientierte Modellbildung

Aufteilung Abgas

In den Behälter „Aufteilung Abgas" (Index 42) fließt der Massenstrom aus den Abgasnachbehandlungskomponenten $\dot{m}_{41}$ hinein und die Massenströme $\dot{m}_{43}$ durch die AKL sowie $\dot{m}_{61}$ durch die NDAGR-Klappe heraus. Der Druck im Behälter p_{42} kann nach (4.6) durch eine Differentialgleichung 1. Ordnung unter der Annahme einer isothermen Zustandsänderung in der Form

$$\dot{p}_{42}(t) = \frac{R_s\,\vartheta_{42}(t)}{V_{42}}\left[\dot{m}_{41}(t) - \dot{m}_{43}(t) - \dot{m}_{61}(t)\right] \qquad (4.29)$$

beschrieben werden. Hierbei ist R_s die spezifische Gaskonstante. Das Volumen des Behälters V_{42} ist ebenfalls eine Konstante. Die Temperatur ϑ_{42} ist ein zeitlich veränderlicher Parameter, der über einen Sensor im Behälter gemessen wird. Zur Bestimmung des Drucks p_{42} im Behälter ist ebenfalls ein Sensor vorhanden.

Mischbehälter NDAGR

In den „Mischbehälter NDAGR" (Index 12) fließt der Massenstrom frischer Luft $\dot{m}_{11}$ und der NDAGR-Massenstrom $\dot{m}_{61}$ hinein. Für diesen Behälter kann die Differentialgleichung für den Sauerstoffmassenanteil $\xi_{O2,12}$ bestimmt werden, der sich aus einer Mischung der beiden Sauerstoffmassenströme gemäß (4.11) zu

$$\dot{\xi}_{O2,12}(t) = \frac{R_s\, \vartheta_{12}(t)}{V_{12}\, p_{12}(t)} [(\xi_{O2,Umg} - \xi_{O2,12}(t))\, \dot{m}_{11}(t) + (\xi_{O2,42}(t) - \xi_{O2,12}(t))\, \dot{m}_{61}(t)]$$

(4.30)

ergibt. Auch hier muss das konstante Volumen V_{12} des Behälters bestimmt werden. $\xi_{O2,Umg}$ ist der Sauerstoffmassenanteil von Luft und kann ebenfalls als konstant angenommen werden (≈ 0.2315). Die Temperatur ϑ_{12}, der Druck p_{12} sowie der Sauerstoffmassenanteil $\xi_{O2,42}$ sind zeitlich veränderliche, direkt oder indirekt messbare Parameter. Der Sauerstoffmassenanteil des Abgases $\xi_{O2,42}$ kann beispielsweise über eine im Behälter 42 platzierte Lambda- oder NO_x-Sonde gemessen werden, wie (4.20) zeigt. Die Modellierung der Signalverzögerung von der Messstelle bis zum Behälter wird aufgrund der kurzen Entfernung vernachlässigt.

Saugrohr

Die Strecke vom Mischbehälter NDAGR bis zum Sauerstoffsensor im Saugrohr soll aufgrund der vorhandenen Rohrlänge mit modelliert werden. Der Sauerstoffmassenanteil verändert sich, rein stationär betrachtet, nicht auf dieser Strecke. Die Rohrlänge führt jedoch zu einer Verzögerung des Sauerstoffmassenanteils, die aus Sicht der Regelungstechnik als Totzeit bezeichnet werden kann. Um die Totzeit mit in die Reglersynthese einzubeziehen, wird diese mittels eines PT_1-Gliedes [28, 45] beschrieben. Die Übertragungsfunktion im Bildbereich mit $T_t \approx T_{Sgr}$ lautet

$$G(s) = e^{-sT_t} = \frac{1}{e^{sT_t}} \approx \frac{1}{1 + s\, T_{Sgr}}.$$

(4.31)

Die Differentialgleichung für den Sauerstoffmassenanteil im Saugrohr $\xi_{O2,21}$ ergibt sich somit zu

$$\dot{\xi}_{O2,21}(t) = -\frac{1}{T_{Sgr}}\, \xi_{O2,21}(t) + \frac{K_{Sgr}}{T_{Sgr}}\, \xi_{O2,12}(t).$$

(4.32)

Hierbei beschreibt K_{Sgr} den Verstärkungsfaktor, der hier mit 1 angenommen werden kann, da sich, wie bereits beschrieben, der Sauerstoffmassenanteil vom Mischbehälter bis zum Saugrohr stationär nicht ändert. T_{Sgr} beschreibt hier die Zeitkonstante, mit der die Verzögerung des Sauerstoffmassenanteils stattfindet.

Abgasklappe und NDAGR-Klappe

Die Massenströme, die durch die beiden Klappen fließen, werden aufgrund der geringen Druckunterschiede vor und nach den Klappen mit der Drosselgleichung für reibungsbehaftete inkompressible Strömung gemäß (4.12) beschrieben. Für die Abgasklappe ergibt sich der Massenstrom zu

$$\dot{m}_{43}(t) = A_{Eff,43}(s_{AKL}) \sqrt{\frac{2\,p_{42}(t)}{R_s\,\vartheta_{42}(t)}} \sqrt{p_{42}(t) - p_{Umg}(t)}, \tag{4.33}$$

und für die NDAGR-Klappe zu

$$\dot{m}_{61}(t) = A_{Eff,61}(s_{NDAGR}) \sqrt{\frac{2\,p_{42}(t)}{R_s\,\vartheta_{42}(t)}} \sqrt{p_{42}(t) - p_{12}(t)}. \tag{4.34}$$

Die effektiven Öffnungsflächen $A_{Eff,43}$ und $A_{Eff,61}$ beschreiben dabei das Produkt aus dem jeweiligen Durchflussbeiwert c_D und der Öffnungsfläche A der Klappe

$$A_{Eff,j} = C_{Dr,j}\,A_j, \qquad j \in \{43, 61\}. \tag{4.35}$$

Die Öffnungsfläche ist von der jeweiligen Stellposition der Klappe s_{AKL} und s_{NDAGR} abhängig. Die Werte für die effektiven Öffnungsflächen der beiden Klappen in Abhängigkeit der Stellposition können aus technischen Datenblättern der Klappen entnommen werden. Der Umgebungsdruck p_{Umg} stellt einen messbaren, zeitlich veränderlichen Parameter dar. Änderungen des Luftdrucks aufgrund eines Wetterumschwungs oder einer Fahrt in die Berge gehen somit mit in das Modell bzw. die Reglersynthese ein. Für Versuche an einem Prüfstand mit konditionierten Umgebungsbedingungen kann p_{Umg} vereinfachend auch als konstant angenommen werden.

Die Stellpositionen der Klappen s_{AKL} und s_{NDAGR} werden vom Motorsteuergerät an die beiden Aktoren gegeben, die das Signal verarbeiten und die Klappe in die gewünschte Position bewegen. Die Verzögerung des Signals, von der Berechnung der Stellposition im Steuergerät bis zur Bewegung der Klappe, kann jeweils mit einem Verzögerungsglied erster Ordnung approximiert werden:

$$\dot{\tilde{s}}_{AKL}(t) = -\frac{1}{T_{AKL}}\,\tilde{s}_{AKL}(t) + \frac{K_{AKL}}{T_{AKL}}\,s_{AKL}(t), \tag{4.36}$$

$$\dot{\tilde{s}}_{NDAGR}(t) = -\frac{1}{T_{NDAGR}}\,\tilde{s}_{NDAGR}(t) + \frac{K_{NDAGR}}{T_{NDAGR}}\,s_{NDAGR}(t). \tag{4.37}$$

Die beiden Verstärkungsfaktoren K_{AKL} und K_{NDAGR} können auch hier in erster Näherung mit 1 angegeben werden.

Zusammenfassend kann die NDAGR-Strecke mit einem Satz von fünf Differentialgleichungen beschrieben werden. Durch die Wahl des Drucks im Behälter vor den beiden Klappen, des Sauerstoffmassenanteils im Mischbehälter NDAGR, des Sauerstoffmassenanteils im Saugrohr sowie der beiden verzögerten Klappenpositionen als Zustandsgrößen kann das gesamte System im Zustandsraum durch die nichtlineare Darstellung

$$
\begin{bmatrix} \dot{\xi}_{O2,12} \\ \dot{\xi}_{O2,21} \\ \dot{p}_{42} \\ \dot{\tilde{s}}_{AKL} \\ \dot{\tilde{s}}_{NDAGR} \end{bmatrix} = \begin{bmatrix} \dfrac{(\xi_{O2,42} - \xi_{O2,12})\, R_s\, \vartheta_{12}}{p_{12}\, V_{12}}\, \dot{m}_{61} + \dfrac{(\xi_{O2,Umg} - \xi_{O2,12})\, R_s\, \vartheta_{12}}{p_{12}\, V_{12}}\, \dot{m}_{11} \\[2mm] -\dfrac{1}{T_{Sgr}}\, \xi_{O2,21} + \dfrac{K_{Sgr}}{T_{Sgr}}\, \xi_{O2,12} \\[2mm] -\dfrac{R_s\, \vartheta_{42}}{V_{42}}\, \dot{m}_{43} - \dfrac{R_s\, \vartheta_{42}}{V_{42}}\, \dot{m}_{61} + \dfrac{R_s\, \vartheta_{42}}{V_{42}}\, \dot{m}_{41} \\[2mm] -\dfrac{1}{T_{AKL}}\, \tilde{s}_{AKL} + \dfrac{K_{AKL}}{T_{AKL}}\, s_{AKL} \\[2mm] -\dfrac{1}{T_{NDAGR}}\, \tilde{s}_{NDAGR} + \dfrac{K_{NDAGR}}{T_{NDAGR}}\, s_{NDAGR} \end{bmatrix} \tag{4.38}
$$

beschrieben werden. In der Darstellung ist die zeitliche Abhängigkeit der Größen zugunsten einer besseren Lesbarkeit vernachlässigt. Im Falle des aufgebauten Motors werden der Druck p_{42} vor den Klappen und der Sauerstoffmassenanteil $\xi_{O2,21}$ im Saugrohr durch Sensoren erfasst. Die Messgleichung lautet dementsprechend

$$
\underline{y}_{Mess} = \begin{bmatrix} \xi_{O2,21} \\ p_{42} \end{bmatrix} = \begin{bmatrix} 0 & 1 & 0 & 0 & 0 \\ 0 & 0 & 1 & 0 & 0 \end{bmatrix} \underline{x}. \tag{4.39}
$$

Als Stellgrößen des Modells 5. Ordnung können die beiden Klappenpositionen s_{NDAGR} und s_{AKL} gewählt werden.

Modellreduktion

Unter der Annahme von Verzögerungsfreiheit kann das System um drei Zustandsgrößen reduziert werden. Dabei wird davon ausgegangen, dass sowohl $\xi_{O2,12} = \xi_{O2,21}$ als auch $s_{AKL} = \tilde{s}_{AKL}$ sowie $s_{NDAGR} = \tilde{s}_{NDAGR}$ gilt. Somit kann das reduzierte System zweiter Ordnung in der nichtlinearen Zustandsraumdarstellung der Form

$$
\underline{\dot{x}} = \begin{bmatrix} \dot{\xi}_{O2,12} \\ \dot{p}_{42} \end{bmatrix} = \begin{bmatrix} \dfrac{(\xi_{O2,42} - \xi_{O2,12})\, R_s\, \vartheta_{12}}{p_{12}\, V_{12}}\, \dot{m}_{61} + \dfrac{(\xi_{O2,Umg} - \xi_{O2,12})\, R_s\, \vartheta_{12}}{p_{12}\, V_{12}}\, \dot{m}_{11} \\[2mm] -\dfrac{R_s\, \vartheta_{42}}{V_{42}}\, \dot{m}_{43} - \dfrac{R_s\, \vartheta_{42}}{V_{42}}\, \dot{m}_{61} + \dfrac{R_s\, \vartheta_{42}}{V_{42}}\, \dot{m}_{41} \end{bmatrix} \tag{4.40}
$$

angegeben werden. Als Stellgrößen des reduzierten Modells 2. Ordnung können die beiden Massenströme durch die Klappen $\dot{m}_{61}$ und $\dot{m}_{43}$ verwendet werden.

4.4 Parameterschätzung

Das Gesamtsystem in (4.38) sowie die Drosselgleichungen (4.33) und (4.34) enthalten neben den Zuständen und den zeitlich veränderlichen Parametern auch andere Parameter. Diese sind in Tabelle 4.3 aufgelistet. Für das Simulationsmodell sowie für den Regelungsent-

Tabelle 4.3: Parameter und ihre Bedeutung

Parameter	Bedeutung
$A_{Eff,43}$	Effektive Öffnungsfläche der Abgasklappe
$A_{Eff,61}$	Effektive Öffnungsfläche der NDAGR-Klappe
K_{AKL}	Verstärkung der Stellung der Abgasklappe
K_{NDAGR}	Verstärkung der Stellung der NDAGR-Klappe
K_{Sgr}	Verstärkung des Sauerstoffmassenanteils vom Mischbehälter bis zum Sensor
R_s	Spezifische Gaskonstante
T_{AKL}	Verzögerungszeit der Stellung der Abgasklappe
T_{NDAGR}	Verzögerungszeit der Stellung der NDAGR-Klappe
T_{Sgr}	Verzögerungszeit des Sauerstoffmassenanteils vom Mischbehälter bis zum Sensor
V_{12}	Volumen des Mischbehälters
V_{42}	Volumen des Behälters vor der NDAGR-Klappe

wurf müssen diese Parameter bekannt sein. Dabei ist die spezifische Gaskonstante R_s eine physikalische Größe und kann für trockene Luft mit 287 $\frac{J}{kg\,K}$ angegeben werden [47]. Einige Parameter können aus technischen Zeichnungen entnommen werden oder sinnvoll abgeschätzt werden. Andere sollen im Folgenden mit Hilfe von Messungen über eine Parameterschätzung ermittelt werden.

Bei der experimentellen Systemidentifikation wird der Fehler $e(t)$ zwischen gemessenem Ausgangssignal $y(t)$ und dem Ausgangssignal $y_{Mod}(t)$ des parallel geschalteten Modells gebildet. Es wird ein Modell vorgegeben und die Parameter $\hat{\theta}$ des Modells werden durch Minimieren der Fehlerquadratsumme, z.B. über die Methode der kleinsten Quadrate ermittelt [31], wie die Abbildung 4.11 beispielhaft zeigt. In der Literatur [31, 51] sind auch andere Fehlersignale, wie z.B. Eingangsfehler oder verallgemeinerte Fehler, für die Systemidentifikation angegeben.

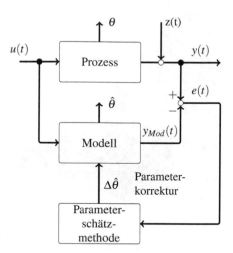

Abbildung 4.11: Parameterschätzung mit Ausgangsfehler [31]

Die Identifikation erfolgt dabei in den folgenden Schritten [59]:

- Ein- und Ausgangssignale des zu identifizierenden Prozesses im Zeit- oder Frequenzbereich messen

- Modellstruktur vorgeben

- Identifikationsmethode auswählen

- Identifiziertes Modell bewerten, ggf. Modellstruktur und/oder die Identifikationsmethode ändern

Das Eingangssignal sollte den Prozess dabei möglichst gut anregen, damit alle im Prozess relevanten Frequenzen auch durch das identifizierte Modell wiedergegeben werden können. Eine Verbesserung der Genauigkeit der Identifikation kann durch das Wiederholen der genannten Schritte mit Messungen verschiedener Anregung und anschließender Mittelwertbildung der Parameter über die Anzahl der Messungen erzielt werden.

Effektive Öffnungsfläche

Die effektiven Öffnungsflächen der Abgasklappe $A_{Eff,43}$ und der NDAGR-Klappe $A_{Eff,61}$ sind nach (4.35) das Produkt der jeweiligen Durchflussbeiwerte und der Öffnungsfläche der jeweiligen Klappe. Der Durchflussbeiwert c_D ist dabei von der Strömungsgeschwindigkeit v abhängig [78]. Die Öffnungsfläche A der Klappen ist von den jeweiligen Klappenpositionen s_{AKL} und s_{NDAGR} abhängig. Die effektive Öffnungsfläche in Abhängigkeit dieser beiden Größen kann aus einem Kennfeld ermittelt werden, welches vom Hersteller der Klappen

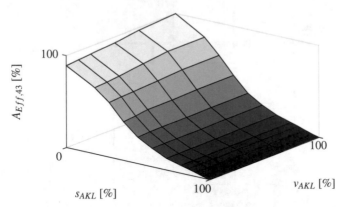

(a) Abgasklappe

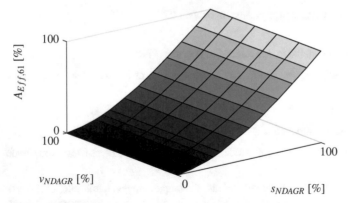

(b) NDAGR-Klappe

Abbildung 4.12: Normierte Kennfelder zur Bestimmung der Klappenposition in Abhängigkeit der Strömungsgeschwindigkeit und der Klappenposition

bereitgestellt wird. Die Abbildung 4.12 zeigt die auf das jeweilige Maximum normierten Kennfelder für die Abgasklappe und die NDAGR-Klappe.

Verzögerung der Stellposition der Klappen

Die Dynamik der Klappen ist im Gesamtsystem jeweils mit einem Verzögerungsglied erster Ordnung approximiert. In diesem Modell ist zusätzlich zur Trägheit der Klappen eine Totzeit von einem Zeitschritt enthalten, die durch den Zugriff auf das Motorsteuergerät durch

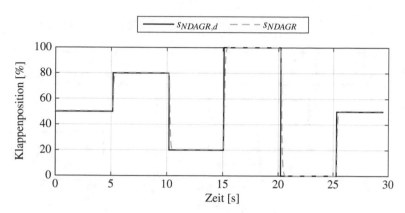

Abbildung 4.13: Soll- und Istwertverlauf der NDAGR-Klappenposition

die ES910 (siehe Abbildung 2.8) entsteht. Das Stellsignal wird auf der ES910 berechnet, über den ETK an das MSG und von diesem an die Klappen gegeben. Die Rückmeldung der Istposition geht den gleichen Weg wieder zurück zur ES910, auf der die Berechnung ausgeführt wird. Zur Bestimmung der Verstärkungen K_{AKL} und K_{NDAGR} sowie der Zeitkonstanten T_{AKL} und T_{NDAGR} soll im Folgenden eine Parameterschätzung durchgeführt werden.

Die Modelle der Klappen enthalten die Parameter $\underline{\hat{\theta}} = [K_i \quad T_i]^T$ mit $i \in \{NDAGR, AKL\}$. Zur Anregung des Prozesses werden Sprünge in verschiedener Höhe in der Sollposition der jeweiligen Klappe $s_{NDAGR,d}$ und $s_{AKL,d}$ vorgegeben. Für die Parameterschätzung wird die jeweilige Istposition der Klappe gemessen und als Prozessausgang ausgewertet. Die Parameterschätzmethode nähert durch Änderung der Parameter den Modellausgang an den real gemessenen Prozessausgang an. Für die Auswertung wurde die System Identification Toolbox von MATLAB verwendet. Ausgewertet wurden dabei mehrere Messungen. Die Abbildungen 4.13 und 4.14 zeigen die Sprungantworten für die NDAGR-Klappe und die Abgasklappe für jeweils eine Messung. Die identifizierten Parameter wurden über die Anzahl der Messungen gemittelt. Die Parameter der Klappen sowie die erreichte Güte der Identifikation ist in der Tabelle 4.4 zusammengefasst.

Verzögerung des Sauerstoffmassenanteils aufgrund der Länge der Ansaugstrecke

Die Strecke von der NDAGR-Klappe bis zum Sauerstoffsensor führt zu einer Verzögerung des Sauerstoffmassenanteils. Diese ist im Gesamtsystem in (4.38) ebenfalls mit einem Verzögerungsglied erster Ordnung approximiert. Dieses System kann jedoch im Gegensatz zu den Klappen nicht für sich allein identifiziert werden, da jede Änderung im Sauerstoffmassenanteil erst durch eine Änderung der Klappen hervorgerufen wird. Aus diesem Grund soll hier eine Reihenschaltung von NDAGR-Klappe und Rohrlänge, also ein Verzögerungsglied

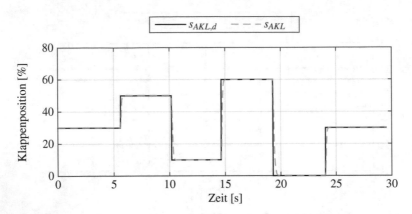

Abbildung 4.14: Soll- und Istwertverlauf der Abgasklappenposition

zweiter Ordnung betrachtet werden. Für die NDAGR-Klappe werden die bereits identifizierten Parameter verwendet, wodurch nur die Parameter K_{Sgr} und T_{Sgr} bestimmt werden müssen. Das Eingangssignal dieses Prozesses ist die Sollposition der NDAGR-Klappe, die mit einem Sprung angeregt wird. Das Ausgangssignal ist der verzögerte Sauerstoffmassenanteil, gemessen mit dem Sensor im Saugrohr. Die Abbildung 4.15 zeigt den Soll- und Istwertver-

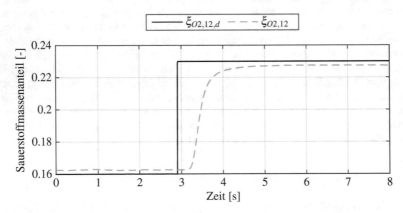

Abbildung 4.15: Soll- und Istverlauf des Sauerstoffmassenanteils

lauf des Sauerstoffmassenanteils. Die über die Parameterschätzung ermittelten Werte für das Saugrohr sind ebenfalls in der Tabelle 4.4 enthalten. Da die Verzögerung des Sauerstoffmassenanteils aufgrund der Rohrlänge von der Strömungsgeschwindigkeit des Gases und damit vom Motorbetriebspunkt abhängig ist, gilt der hier identifizierte Wert für die

Tabelle 4.4: Identifizierte Parameter der Verzögerungsglieder

Komponente i	Zeitkonstante T_i [s]	Verstärkungsfaktor K_i [-]	Übereinstimmung [%]
NDAGR	0.0880	1.0064	96.68
AKL	0.1047	1.0061	95.96
Sgr	0.5012	0.9958	87.64

Zeitkonstante $T_{Sgr} = 0.5012$ s nur für den in der Messung verwendeten Betriebspunkt. Für eine ausführliche Identifikation müssten somit verschiedene Motorbetriebspunkte vermessen und ausgewertet werden. Die identifizierten Parameter könnten anschließend in einem betriebspunktabhängigen Kennfeld abgelegt werden. Für das Simulationsmodell, welches in dieser Arbeit zum Test von Regelungsalgorithmen verwendet wird, soll die Untersuchung einer Zeitkonstanten eines mittleren Motorbetriebspunktes genügen.

Volumen der Behälter

Die Volumen der beiden Behälter vor und nach NDAGR-Strecke V_{42} und V_{12} sind ebenfalls Parameter, die für den Regelungsentwurf und das Simulationsmodell bekannt sein müssen. Diese können aus VW-internen CAD-Daten der Gasstrecke entnommen werden.

5 Regelungsentwurf

Im folgenden Abschnitt sollen modellbasierte Regelungen für das in Abschnitt 4.3 vorgestellte mechatronische Modell untersucht werden. Das Ziel der Regelung ist die Einstellung des Sauerstoffmassenanteils im Ansaugtrakt des Motors. Mit Hilfe des dort eingebauten Sauerstoffsensors kann die Regelgröße direkt gemessen und an die Regelungsstruktur übergeben werden. Es werden sowohl zentrale als auch dezentrale Ansätze untersucht und deren Vor- und Nachteile beleuchtet. Zu den zentralen Ansätzen gehört eine flachheitsbasierte Folgeregelung, die sowohl für das Modell 5. Ordnung (4.38) als auch für das reduzierte Modell 2. Ordnung (4.40) in der nichtlinearen Darstellung der Form

$$\dot{x} = \underline{f}\left(\underline{x}, \underline{u}, \underline{z}, \underline{p}\right)$$
$$y = \underline{g}\left(\underline{x}, \underline{p}\right) \tag{5.1}$$

mit zustands- und parameterabhängigen Vektoren angewendet werden kann. Als alternativer Ansatz für eine zentrale Regelung soll im weiteren ein MIMO-Optimalregler untersucht werden. Dazu wird das Modell (4.40) in eine quasi-lineare Darstellung mit zustands- und parameterabhängigen Matrizen bzw. Vektoren überführt:

$$\dot{x} = \underline{A}\left(\underline{x}, \underline{p}\right)\underline{x} + \underline{B}\left(\underline{x}, \underline{p}\right)\underline{u} + \underline{E}\left(\underline{x}, \underline{p}\right)\underline{z}$$
$$y = \underline{C}\left(\underline{x}, \underline{p}\right)\underline{x}. \tag{5.2}$$

Dadurch können Entwurfstechniken der erweiterten Linearisierung [4, 27], wie der MIMO-Optimalregler, angewandt werden.

Zur Untersuchung dezentraler Regelungsansätze wird das MIMO-System (4.40) in zwei SISO-Systeme 1. Ordnung aufgeteilt. So können die Regelungen des Sauerstoffmassenanteils im Ansaugtrakt des Motors und des Drucks vor der NDAGR-Klappe getrennt voneinander betrachtet werden. Die zwei SISO-Systeme enthalten ebenfalls eine zustands- und parameterabhängige nichtlineare rechte Seite, so dass auch hier die flachheitsbasierte Folgeregelung entworfen wird. Für die quasi-lineare Darstellung werden für die beiden SISO-Systeme neben einem Optimalregler auch die Eigenwertvorgabe vorgestellt.

Für die dezentralen Regelungsansätze werden zusätzlich zur Regelung auch die Umsetzung modellbasierter dynamischer Vorsteuerungen gezeigt. Die Störgrößen des Systems sollen über Beobachteransätze bestimmt und anschließend zur Kompensation der Störgrößen über eine Aufschaltung in die Regelungsstruktur mit einfließen.

© Springer Fachmedien Wiesbaden GmbH, ein Teil von Springer Nature 2018
D. Schwarz, *Regelung des Dieselmotors*, AutoUni – Schriftenreihe 118,
https://doi.org/10.1007/978-3-658-21841-6_5

5.1 Zentrale Regelung mit flachheitsbasierten Methoden

Zunächst sollen für die MIMO-Systeme 5. Ordnung (4.38) und 2. Ordnung (4.40) die Umsetzung einer MIMO-Regelung untersucht werden. Die in nichtlinearer Form vorliegenden Systeme werden dazu auf Flachheit untersucht. Anschließend wird für beide Modelle eine flachheitsbasierte Folgeregelung vorgestellt.

5.1.1 Flachheitsanalyse

Für nichtlineare Systeme kann die Eigenschaft der Flachheit als Erweiterung der Steuerbarkeit betrachtet werden. Nichtlineare flache Systeme können durch eine spezielle dynamische Zustandsrückführung exakt zustandslinearisiert werden. Dies ist auch der Ursprung des Begriffes flach, was bedeutet, dass der Zustandsraum eines solchen Systems in einem Koordinatensystem ohne Krümmung aufgespannt werden kann [1, 4–6, 24, 59, 60].

Wenn es für das nichtlineare MIMO-System

$$\dot{\underline{x}} = \underline{f}(\underline{x},\underline{u}), \tag{5.3}$$

$$\underline{y} = \underline{g}(\underline{x},\underline{u}), \tag{5.4}$$

m flache Ausgänge $\underline{y}_f = [y_{f1},\ldots,y_{fm}]^T$ gibt, die die folgenden drei Bedingungen erfüllen, heißt es differentiell flach:

- Die flachen Ausgänge $\underline{y}_f$ lassen sich in Abhängigkeit der Zustände $\underline{x}$, der Eingänge $\underline{u}$ und deren Zeitableitungen ausdrücken:

$$\underline{y}_f = \underline{\phi}(\underline{x},u_1,\dot{u}_1,\ldots,u_m,\dot{u}_m,\ldots). \tag{5.5}$$

- Alle Zustände $\underline{x}$ und die Stellgrößen $\underline{u}$ lassen sich in Abhängigkeit des Systemausgangs und dessen Zeitableitungen in folgender Form berechnen:

$$\underline{x} = \underline{\Psi}_x(y_{f1},\dot{y}_{f1},\ldots,y_{f1}^{(n_i-1)},\ldots,y_{fm},\dot{y}_{fm},\ldots,y_{fm}^{(n_i-1)}), \tag{5.6}$$

$$\underline{u} = \underline{\Psi}_u(y_{f1},\dot{y}_{f1},\ldots,y_{f1}^{n_i},\ldots,y_{fm},\dot{y}_{fm},\ldots,y_{fm}^{n_i}). \tag{5.7}$$

- Die flachen Ausgänge müssen differentiell unabhängig sein. Es darf also keine Differentialgleichung der Form

$$\varphi(y_{f1},\dot{y}_{f1},\ldots,y_{fm},\dot{y}_{fm},\ldots) = 0 \tag{5.8}$$

existieren.

Wenn die ersten beiden Bedingungen erfüllt sind, ist die dritte Bedingung gleichbedeutend mit der Forderung $\dim(\underline{y}) = \dim(\underline{u})$ [1, 4–6, 24, 59, 60].

Somit können die Systemgrößen $\underline{x}$ und $\underline{u}$ nach (5.6) und (5.7) durch den flachen Ausgang beschrieben werden. Dies hat zur Folge, dass die Differentialgleichungen des Systems nicht integriert werden müssen und somit die dynamischen Eigenschaften eines Systems durch den flachen Ausgang $\underline{y}_f$ und einer endlichen Anzahl seiner Zeitableitungen vollständig beschrieben werden können [59].

Flachheitsanalyse des Modells 5. Ordnung

Für das vorliegende nichtlineare System sollen sowohl der Sauerstoffmassenteil im Saugrohr als auch der Druck vor den Klappen als Kandidaten für flache Ausgänge

$$\begin{bmatrix} y_{f1} \\ y_{f2} \end{bmatrix} = \begin{bmatrix} \xi_{O2,21} \\ p_{42} \end{bmatrix} \tag{5.9}$$

untersucht werden. Diese werden nun so lange nach der Zeit abgeleitet, bis die Stellgrößen $u_1 = s_{NDAGR}$ und $u_2 = s_{AKL}$ auftreten. Für den Sauerstoffmassenanteil ergibt sich

$$y_{f1} = \xi_{O2,21},$$

$$\dot{y}_{f1} = \dot{\xi}_{O2,21} = -\frac{1}{T_{Sgr}} y_{f1} + \frac{K_{Sgr}}{T_{Sgr}} \xi_{O2,12},$$

$$\ddot{y}_{f1} = \frac{1}{T_{Sgr}^2} y_{f1} - \frac{K_{Sgr}}{T_{Sgr}^2} \xi_{O2,12}$$

$$+ \frac{R_s \vartheta_{12} K_{Sgr}}{T_{Sgr} p_{12} V_{12}} \left((\xi_{O2,42} - \xi_{O2,12}) A_{Eff,61}(\tilde{s}_{NDAGR}) \sqrt{\frac{2 y_{f2}}{R_s \vartheta_{42}}} \sqrt{y_{f2} - p_{12}} \right.$$

$$\left. + (\xi_{O2,Umg} - \xi_{O2,12}) \dot{m}_{11} \right), \tag{5.10}$$

$$\dddot{y}_{f1} = \dots = f(\underline{x}, y_{f1}, \dot{y}_{f1}, \ddot{y}_{f1}, y_{f2}, \dot{y}_{f2}, u_1).$$

Die dritte zeitliche Ableitung des Sauerstoffmassenanteils hängt erstmalig von der Stellgröße s_{NDAGR} ab. Die Differenzordnung ist somit $\delta_1 = 3$. Die Untersuchung der Flachheit für den Druck p_{42} ergibt

$$y_{f2} = p_{42},$$

$$\dot{y}_{f2} = \dot{p}_{42} = \frac{R_s \vartheta_{42}}{V_{42}} \left(\dot{m}_{41} - A_{Eff,43}(\tilde{s}_{AKL}) \sqrt{\frac{2 y_{f2}}{R_s \vartheta_{42}}} \sqrt{y_{f2} - p_{Umg}} \right.$$

$$\left. - A_{Eff,61}(\tilde{s}_{NDAGR}) \sqrt{\frac{2 y_{f2}}{R_s \vartheta_{42}}} \sqrt{y_{f2} - p_{12}} \right), \tag{5.11}$$

$$\ddot{y}_{f2} = \dots = f(\underline{x}, y_{f2}, \dot{y}_{f2}, u_2).$$

Die Differenzordnung des zweiten Kandidaten für einen flachen Ausgang ist somit $\delta_2 = 2$.
Die Differenzordnung des Gesamtsystems $\delta_1 + \delta_2 = 5$ entspricht somit der Systemordnung.
Da hiermit eine Parametrierung von $\underline{x}$ und $\underline{u}$ möglich wird, ist die Flachheit des Modells 5.
Ordnung nachgewiesen:

$$\underline{x} = \underline{\Psi}_x(y_{f1}, \dot{y}_{f1}, \ddot{y}_{f1}, y_{f2}, \dot{y}_{f2}), \tag{5.12}$$

$$\underline{u} = \underline{\Psi}_u(y_{f1}, \dot{y}_{f1}, \ddot{y}_{f1}, \dddot{y}_{f1}, y_{f2}, \dot{y}_{f2}, \ddot{y}_{f2}). \tag{5.13}$$

Flachheitsanalyse des Modells 2. Ordnung

Für das vorliegende nichtlineare System 2. Ordnung sollen der Sauerstoffmassenteil im
Mischbehälter NDAGR und der Druck vor den Klappen, also die beiden Zustandsgrößen
des Modells 2. Ordnung, als Kandidaten für flache Ausgänge

$$\begin{bmatrix} y_{f1} \\ y_{f2} \end{bmatrix} = \begin{bmatrix} \xi_{O2,12} \\ p_{42} \end{bmatrix} = \underline{x} \tag{5.14}$$

untersucht werden. Als Stellgrößen werden hier der Massenstrom durch die NDAGR-Klappe
$u_1 = \dot{m}_{61}$ sowie der Massenstrom durch die Abgasklappe $u_2 = \dot{m}_{43}$ gewählt

$$\begin{bmatrix} \dot{y}_{f1} \\ \dot{y}_{f2} \end{bmatrix} = \begin{bmatrix} \dot{\xi}_{O2,12} \\ \dot{p}_{42} \end{bmatrix} = \begin{bmatrix} \dfrac{R_s\,\vartheta_{12}}{p_{12}\,V_{12}}\left((\xi_{O2,42} - \xi_{O2,12})\,u_1 + (\xi_{O2,Umg} - \xi_{O2,12})\,\dot{m}_{11} \right) \\[2mm] -\dfrac{R_s\,\vartheta_{42}}{V_{42}}u_2 - \dfrac{R_s\,\vartheta_{42}}{V_{42}}u_1 + \dfrac{R_s\,\vartheta_{42}}{V_{42}}\dot{m}_{41} \end{bmatrix}, \tag{5.15}$$

$$\begin{bmatrix} u_1 \\ u_2 \end{bmatrix} = \begin{bmatrix} \dfrac{p_{12}\,V_{12}\,\dot{y}_{f1}}{(\xi_{O2,42} - y_{f1})\,R_s\,\vartheta_{12}} + \dfrac{(\xi_{O2,Umg} - y_{f1})}{y_{f1} - \xi_{O2,42}}\dot{m}_{11} \\[2mm] -\dfrac{V_{42}}{R_s\,\vartheta_{42}}\dot{y}_{f2} - \dfrac{p_{12}\,V_{12}\,\dot{y}_{f1}}{(\xi_{O2,42} - y_{f1})\,R_s\,\vartheta_{12}} - \dfrac{(\xi_{O2,Umg} - y_{f1})}{y_{f1} - \xi_{O2,42}}\dot{m}_{11} + \dot{m}_{41} \end{bmatrix}. \tag{5.16}$$

Die erste Zeitableitung des jeweiligen Kandidaten für einen flachen Ausgang hängt bereits
von einer der Stellgrößen ab. Da die Systemordnung in der reduzierten Darstellung $n = 2$
entspricht und der dazugehörige relative Grad der jeweiligen Ausgänge gleich Eins ist, ist
eine der Bedingungen für den Nachweis der Flachheit des Systems erfüllt.

5.1.2 Flachheitsbasierte Folgeregelung des Modells 5. Ordnung

Im Folgenden soll eine flachheitsbasierte Folgeregelung des Modells 5. Ordnung entworfen
werden. Aus der Stellgrößenparametrierung (5.13) wird die inverse Dynamik des Systems
bestimmt

$$\begin{bmatrix} s_{NDAGR} \\ s_{AKL} \end{bmatrix} = \underline{\Psi}_u(y_{f1}, \dot{y}_{f1}, \ddot{y}_{f1}, \dddot{y}_{f1}, y_{f2}, \dot{y}_{f2}, \ddot{y}_{f2}). \tag{5.17}$$

Die Stellgrößen sind somit von den flachen Ausgängen y_{f1} und y_{f2} sowie deren zeitlicher
Ableitung abhängig. Durch das Einsetzen einer Solltrajektorie kann somit eine Steuerung

des Systems entworfen werden. Da die Nichtlinearitäten des Systems durch die Wahl der Stellgrößen als inverses Systemmodell durch die vorliegende Flachheit kompensiert werden können, wird im Folgenden ein linearer Folgeregler entworfen. Dazu wird die Steuerung um eine Zustandsrückführung erweitert. Dies ermöglicht die Kompensation von auftretenden Störungen und Modellunsicherheiten.

Die Basis der flachheitsbasierten Folgeregelung ist die Stabilisierung des Trajektorienfolgefehlers

$$e_i(t) = y_{fi,d}(t) - y_{fi}(t). \tag{5.18}$$

Die flachen Ausgänge und deren Zeitableitungen definieren den Zustandsvektor $\underline{x}_B$ des transformierten Systems mit $\underline{x}_B = [y_{f1}, \dot{y}_{f1}, \ddot{y}_{f1}, y_{f2}, \dot{y}_{f2}]^T$. Die Zustandsraumdarstellung in der Brunovský-Normalform, beispielhaft für den flachen Ausgang y_{f1} ergibt sich wie folgt:

$$\dot{\underline{x}}_{B,1}(t) = \begin{bmatrix} 0 & 1 & 0 \\ 0 & 0 & 1 \\ 0 & 0 & 0 \end{bmatrix} \underline{x}_{B,1}(t) + \begin{bmatrix} 0 \\ 0 \\ 1 \end{bmatrix} v_1 \tag{5.19}$$

Mit der Wahl der höchsten zeitlichen Ableitung als stabilisierenden Eingang v kann die Fehlerdynamik stabilisiert werden. Für das vorliegende System 5. Ordnung wird dafür die dritte Ableitung des Sauerstoffmassenanteils $\dddot{\xi}_{O2,21}$ und die zweite Ableitung des Drucks $\ddot{p}_{42}$ gewählt:

$$\begin{bmatrix} v_1 \\ v_2 \end{bmatrix} = \begin{bmatrix} \dddot{y}_{f1} \\ \ddot{y}_{f2} \end{bmatrix} = \begin{bmatrix} \dddot{\xi}_{O2,12} \\ \ddot{p}_{42} \end{bmatrix} = \begin{bmatrix} \dddot{y}_{f1,d} \\ 0 \end{bmatrix} + \overline{a}_2 \begin{bmatrix} \ddot{e}_1 \\ \ddot{e}_2 \end{bmatrix} + \overline{a}_1 \begin{bmatrix} \dot{e}_1 \\ \dot{e}_2 \end{bmatrix} + \overline{a}_0 \begin{bmatrix} e_1 \\ e_2 \end{bmatrix}. \tag{5.20}$$

Die Diagonalmatrizen $\overline{a}_2, \overline{a}_1$ und $\overline{a}_0$ enthalten die Koeffizienten eines Hurwitz-Polynoms und werden entsprechend der gewünschten Dynamik des Trajektorienfolgefehlers $\underline{y}_{f,d} - \underline{y}_f$ gewählt. Zur Umsetzung der Regelung des Modells 5. Ordnung müssen die zeitlichen Ableitungen der Soll- und Istgrößen bekannt sein.

5.1.3 Flachheitsbasierte Folgeregelung des Modells 2. Ordnung

Im Folgenden soll eine flachheitsbasierte Folgeregelung für das Modell 2. Ordnung entworfen werden. Dazu wird (5.15) zunächst nach den Stellgrößen $\dot{m}_{61}$ und $\dot{m}_{43}$ umgestellt und somit die inverse Dynamik des Systems bestimmt:

$$
\begin{bmatrix} \dot{m}_{61} \\ \dot{m}_{43} \end{bmatrix} = \begin{bmatrix} \dfrac{p_{12} \, V_{12} \, \dot{\xi}_{O2,12}}{(\xi_{O2,42} - \xi_{O2,12}) \, R_s \, \vartheta_{12}} + \dfrac{(\xi_{O2,Umg} - \xi_{O2,12})}{\xi_{O2,12} - \xi_{O2,42}} \, \dot{m}_{11} \\ -\dfrac{V_{42}}{R_s \, \vartheta_{42}} \, \dot{p}_{42} - \dot{m}_{61} + \dot{m}_{41} \end{bmatrix}
$$

$$
= \begin{bmatrix} \dfrac{p_{12} \, V_{12} \, \dot{\xi}_{O2,12}}{(\xi_{O2,42} - \xi_{O2,12}) \, R_s \, \vartheta_{12}} + \dfrac{(\xi_{O2,Umg} - \xi_{O2,12})}{\xi_{O2,12} - \xi_{O2,42}} \, \dot{m}_{11} \\ -\dfrac{V_{42}}{R_s \, \vartheta_{42}} \, \dot{p}_{42} - \dfrac{p_{12} \, V_{12} \, \dot{\xi}_{O2,12}}{(\xi_{O2,42} - \xi_{O2,12}) \, R_s \, \vartheta_{12}} - \dfrac{(\xi_{O2,Umg} - \xi_{O2,12})}{\xi_{O2,12} - \xi_{O2,42}} \, \dot{m}_{11} + \dot{m}_{41} \end{bmatrix}.
$$

$$\tag{5.21}$$

Die Stellgrößen hängen somit von den flachen Ausgängen y_{f1} und y_{f2} sowie deren zeitlicher Ableitung, weiteren Parametern und den Störgrößen $\dot{m}_{11}$ und $\dot{m}_{41}$ ab. Da die Nichtlinearitäten des Systems durch die Wahl der Stellgrößen als inverses Systemmodell durch die vorliegende Flachheit auch hier kompensiert werden können, wird im Folgenden ein linearer Folgeregler entworfen. Dazu wird die Steuerung um eine Zustandsrückführung erweitert.

Die flachen Ausgänge und deren Zeitableitungen definieren den Zustandsvektor

$$
\underline{x}_B = [\underline{x}_{B1}^T, \underline{x}_{B2}^T]^T \tag{5.22}
$$

des transformierten Systems mit $\underline{x}_{Bi} = [y_{fi}, \dot{y}_{fi}]^T$. Die Zustandsraumdarstellung in der Brunovský-Normalform mit $i = 1, 2$ ergibt sich wie folgt:

$$
\underline{\dot{x}}_{B,i}(t) = \begin{bmatrix} 0 & 1 \\ 0 & 0 \end{bmatrix} \underline{x}_{B,i}(t) + \begin{bmatrix} 0 \\ 1 \end{bmatrix} v_i \tag{5.23}
$$

Mit der Wahl der höchsten zeitlichen Ableitung als stabilisierenden Eingang kann die Fehlerdynamik stabilisiert werden. Für das vorliegende System 2. Ordnung wird dafür die erste Ableitung gewählt:

$$
\begin{bmatrix} v_1 \\ v_2 \end{bmatrix} = \begin{bmatrix} \dot{y}_{f1} \\ \dot{y}_{f2} \end{bmatrix} = \begin{bmatrix} \dot{\xi}_{O2,12} \\ \dot{p}_{42} \end{bmatrix} = \underline{\dot{y}}_{f,d} + \overline{\underline{a}}_0 \, (\underline{y}_{f,d} - \underline{y}_f). \tag{5.24}
$$

Die Diagonalmatrix $\overline{\underline{a}}_0 = diag[\overline{a}_{0,1}, \ \overline{a}_{0,2}]^T$ enthält die Koeffizienten eines Hurwitz-Polynoms und wird entsprechend der gewünschten Dynamik des Trajektorienfolgefehlers $\underline{y}_{f,d} - \underline{y}_f$ gewählt. Die Abbildung 5.1 zeigt die vollständige Struktur der flachheitsbasierten Folgeregelung des Systems 2. Ordnung. Die flachheitsbasierte Folgeregelung stellt ein vorteilhaftes Verfahren für den Entwurf eines Reglers dar. Die Nichtlinearitäten des Systems werden durch das inverse Modell kompensiert. Ein linearer Regler stabilisiert den Trajektorienfolge-

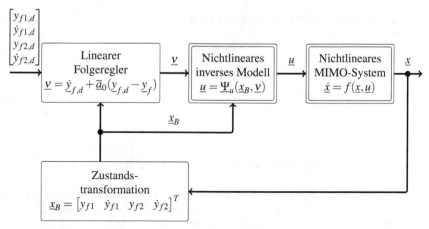

Abbildung 5.1: Systemschaubild der flachheitsbasierten Folgeregelung

fehler. Hierzu werden jedoch die zeitlichen Ableitungen der Soll- und Istgrößen der flachen Ausgänge benötigt. Für die flachheitsbasierte Folgeregelung des Systems 2. Ordnung werden lediglich die jeweils ersten Ableitungen benötigt, weshalb dieses System als vorteilhaft gegenüber der flachheitsbasierten Folgeregelung 5. Ordnung zu bewerten ist.

5.2 Zentrale Regelung mittels Erweiterter Linearisierung

Zur Untersuchung weiterer Mehrgrößenregler wird das Modell 2. Ordnung (4.40) in eine quasi-lineare Form mit zustands- und parameterabhängigen Matrizen gebracht. Durch diese erweiterte Linearisierung [4, 27] ändert sich die Gleichung zu

$$
\underbrace{\begin{bmatrix} \dot{\xi}_{O2,12} \\ \dot{p}_{42} \end{bmatrix}}_{\underline{\dot{x}}} = \underbrace{\begin{bmatrix} \dfrac{(\xi_{O2,42} - \xi_{O2,12})\, R_s\, \vartheta_{12}}{p_{12}\, V_{12}} & 0 \\ -\dfrac{R_s\, \vartheta_{42}}{V_{42}} & -\dfrac{R_s\, \vartheta_{42}}{V_{42}} \end{bmatrix}}_{\underline{B}=\underline{B}(\xi_{O2,42},\xi_{O2,12},\vartheta_{12},p_{12},\vartheta_{42})} \underbrace{\begin{bmatrix} \dot{m}_{61} \\ \dot{m}_{43} \end{bmatrix}}_{\underline{u}}
$$

$$
+ \underbrace{\begin{bmatrix} \dfrac{(\xi_{O2,Umg} - \xi_{O2,12})\, R_s\, \vartheta_{12}}{p_{12}\, V_{12}} & 0 \\ 0 & \dfrac{R_s\, \vartheta_{42}}{V_{42}} \end{bmatrix}}_{\underline{E}=\underline{E}(\xi_{O2,12},\vartheta_{12},p_{12},\vartheta_{42})} \underbrace{\begin{bmatrix} \dot{m}_{11} \\ \dot{m}_{41} \end{bmatrix}}_{\underline{z}} .
$$

(5.25)

Hierbei sind die beiden Massenströme $\dot{m}_{61}$ durch die NDAGR-Klappe und $\dot{m}_{43}$ durch die Abgasklappe als Stellgrößen des Systems und der Massenstrom frischer Luft $\dot{m}_{11}$ sowie der

Massenstrom $\dot{m}_{41}$ aus der Abgasnachbehandlung als Störgrößen gewählt. Mit der Ausgangsgleichung

$$\underline{y} = \underbrace{\begin{bmatrix} 1 & 0 \\ 0 & 1 \end{bmatrix}}_{\underline{C}} \underbrace{\begin{bmatrix} \xi_{O2,12} \\ p_{42} \end{bmatrix}}_{\underline{x}} \tag{5.26}$$

ergibt sich ein MIMO-System mit zwei Stellgrößen und zwei Ausgangsgrößen. Die Stelleingriffsmatrix $\underline{B}$ sowie die Störeingriffsmatrix $\underline{E}$ hängen dabei von einer Reihe zeitlich veränderlicher Parameter sowie dem Zustand $\xi_{O2,12}$ ab.

5.2.1 Voraussetzungen für den Entwurf eines MIMO-Optimalreglers

Für einen erfolgreichen Reglerentwurf muss im vorgesehenen Arbeitsbereich Ω das Kalman-Kriterium mit $\underline{A}(\underline{x})$ und $\underline{b}(\underline{x})$ für alle $\underline{x} \in \Omega$ punktweise erfüllt sein [45]. Für das System mit der Ordnung $\delta = 2$ ist das Kalman-Kriterium erfüllt, wenn $\underline{Q}_S$ mit

$$\underline{Q}_S = \begin{bmatrix} \underline{B}(\underline{x}) & \underline{A}\,\underline{B}(\underline{x}) \end{bmatrix} = \begin{bmatrix} \dfrac{(\xi_{O2,42} - \xi_{O2,12})\,R_s\,\vartheta_{12}}{p_{12}\,V_{12}} & 0 & 0 & 0 \\[2ex] -\dfrac{R_s\,\vartheta_{42}}{V_{42}} & -\dfrac{R_s\,\vartheta_{42}}{V_{42}} & 0 & 0 \end{bmatrix} \tag{5.27}$$

den vollen Rang hat. Der Rang einer Matrix kann beispielsweise über den Gauß-Algorithmus berechnet werden. Für das vorliegende System wird die Bedingung für den Fall $\xi_{O2,42} \neq \xi_{O2,12}$ erfüllt, da alle anderen eingehenden Parameter stets größer Null sind. Da der Sauerstoffmassenanteil $\xi_{O2,12}$ aus einer Mischung aus frischer Luft und Abgas entsteht, gilt für alle Motorbetriebspunkte $\xi_{O2,42} < \xi_{O2,12}$.

Zusätzlich muss für den Entwurf eines Optimalreglers gesichert werden, dass dieser tatsächlich für alle Anfangsbedingungen $\underline{x}_0$ optimal ist. Um dies zu gewährleisten, wird gefordert, dass alle Eigenvorgänge in das Gütefunktional eingehen, also durch das Gütefunktional beobachtbar sind. Diese Forderung ist erfüllt, wenn nach Zerlegung der symmetrischen, positiv-semidefiniten Wichtungsmatrix $\underline{Q} \geq 0$ in der Form

$$\underline{Q} = \overline{\underline{Q}}^T\,\overline{\underline{Q}} \tag{5.28}$$

das Paar $(\underline{A}, \overline{\underline{Q}})$ beobachtbar ist [9, 11, 12, 29, 45].

5.2.2 MIMO-Optimalregler

Im Folgenden soll ein MIMO-Optimalregler untersucht werden. Die Grundidee ist dabei, die Güte des Regelkreises über ein Gütefunktional zu beschreiben, das den Verlauf der

Stell- und Regelgrößen bewertet. Der Regler ist dann die Lösung eines Optimierungsproblems. Der Ausgangspunkt hierfür ist eine vollständig steuerbare Regelstrecke, hier in Abhängigkeit des Zustandsvektors $\underline{x}$ (erweiterte Linearisierung) sowie zeitlich veränderlicher Parameter $\underline{\theta}$:

$$\underline{\dot{x}}(t) = \underline{A}(\underline{x}, \underline{\theta})\, \underline{x}(t) + \underline{B}(\underline{x}, \underline{\theta})\, \underline{u}(t), \quad \underline{x}(t) = \underline{x}_0,$$
$$\underline{y}(t) = C\, \underline{x}(t) + \underline{D}\, \underline{u}(t). \tag{5.29}$$

Zusätzlich wird ein quadratisches Gütefunktional

$$J = \int_0^{\infty} \left(\underline{x}^T(t)\, \underline{Q}\, \underline{x}(t) + \underline{u}^T(t)\, \underline{R}\, \underline{u}(t) \right) dt \tag{5.30}$$

mit symmetrischer, positiv semidefiniter Wichtungsmatrix $\underline{Q} = \underline{Q}^T \geq 0$ und symmetrischer, positiv definiter Wichtungsmatrix $\underline{R} = \underline{R}^T > 0$ formuliert [44]. Mit den beiden Wichtungsmatrizen können so der Verlauf der Zustände und Stellgrößen bewertet werden. Gesucht wird nun ein Stellgrößenverlauf $\underline{u}_R(t) = -\underline{K}\, \underline{x}(t)$, der das Gütefunktional J minimiert. Die Zustandsrückführung kann mit

$$\underline{K}(\underline{x}, \underline{\theta}) = \underline{R}^{-1}\, \underline{B}^T(\underline{x}, \underline{\theta})\, \underline{P}(\underline{x}, \underline{\theta}) \tag{5.31}$$

angegeben werden. $\underline{P}$ ist dabei die symmetrische, positiv definite Lösung der Matrix-Riccatigleichung [9, 11, 12, 29, 44]

$$\underline{A}^T(\underline{x}, \underline{\theta})\, \underline{P}(\underline{x}, \underline{\theta}) + \underline{P}(\underline{x}, \underline{\theta})\, \underline{A}(\underline{x}, \underline{\theta}) - \underline{P}(\underline{x}, \underline{\theta})\, \underline{B}(\underline{x}, \underline{\theta})\, \underline{R}^{-1}\, \underline{B}^T(\underline{x}, \underline{\theta})\, \underline{P}(\underline{x}, \underline{\theta}) + \underline{Q} = \underline{0}. \tag{5.32}$$

Für das vorliegende System vereinfacht sich diese Gleichung aufgrund der verschwindenden Systemmatrix zu

$$- \underline{P}\, \underline{B}(\underline{x}, \underline{\theta}) \underline{R}^{-1} \underline{B}^T(\underline{x}, \underline{\theta}) \underline{P} + \underline{Q} = \underline{0}, \tag{5.33}$$

beziehungsweise zu

$$\underline{K}^T \underline{R}\, \underline{K} + \underline{Q} = \underline{0}. \tag{5.34}$$

Mit den Faktorisierungen $\underline{Q} = \underline{Q}^{T/2}\underline{Q}^{1/2}$ und $\underline{R} = \underline{R}^{T/2}\underline{R}^{1/2}$ ergibt sich die Reglerverstärkung zu

$$\underline{K} = \pm \underline{R}^{-1/2}\underline{Q}^{1/2}. \tag{5.35}$$

Die Reglerverstärkung des Optimalreglers ist somit von den beiden Wichtungsmatrizen und damit weder vom Zustand noch von den zeitveränderlichen Parametern abhängig.

5.3 Dezentrale Regelung des Sauerstoffmassenanteils

In (4.40) wird das Gesamtsystem mit einer nichtlinearen Zustandsraumdarstellung beschrieben. Dabei fällt auf, dass die einzige Größe, die die beiden Differentialgleichungen miteinander koppelt, der Massenstrom $\dot{m}_{61}$ durch die NDAGR-Klappe ist. Diese Eigenschaft soll im

Folgenden dazu verwendet werden, die beiden Differentialgleichungen voneinander entkoppelt zu betrachten. Dazu wird das Gesamtsystem in die Teilsysteme Sauerstoffmassenanteil im Mischbehälter NDAGR

$$\dot{\xi}_{O2,12} = \frac{(\xi_{O2,42} - \xi_{O2,12})\, R_s\, \vartheta_{12}}{p_{12}\, V_{12}}\, \dot{m}_{61} + \frac{(\xi_{O2,Umg} - \xi_{O2,12})\, R_s\, \vartheta_{12}}{p_{12}\, V_{12}}\, \dot{m}_{11} \qquad (5.36)$$

und Druck im Behälter 42

$$\dot{p}_{42} = -\frac{R_s\, \vartheta_{42}}{V_{42}}\, \dot{m}_{43} - \frac{R_s\, \vartheta_{42}}{V_{42}}\, \dot{m}_{61} + \frac{R_s\, \vartheta_{42}}{V_{42}}\, \dot{m}_{41} \qquad (5.37)$$

aufgeteilt. Die Entkopplung wird dadurch realisiert, dass der Massenstrom $\dot{m}_{61}$ durch die NDAGR-Klappe im ersten Teilsystem als Stellgröße verwendet wird und im zweiten Teilsystem als Störgröße. Im zweiten Teilsystem verbleibt der Massenstrom $\dot{m}_{43}$ durch die Abgasklappe als Stelleingriff. Somit weisen beide Teilsysteme eine Stell- und eine Zustandsgröße auf. Für diese beiden SISO-Systeme können nun unabhängige Regelungen entworfen werden. Die Systemordnung reduziert sich für jedes Teilsystem auf eins. Die Komplexität wird dadurch weiter vereinfacht, da Entwurfsmethoden für SISO-Systeme zum Teil ohne großen Aufwand umgesetzt werden können. Im Folgenden werden nun Regelungsansätze für beide Teilsysteme vorgestellt und eine Kopplung über eine modellbasierte Sollwertvorgabe für den Druck p_{42} realisiert.

Zunächst soll das Teilsystem Sauerstoffmassenanteil im Mischbehälter NDAGR betrachtet werden. Dieses Teilsystem kann mit der Differentialgleichung erster Ordnung in Zustandsraumdarstellung in der Form

$$\underbrace{\dot{\xi}_{O2,12}}_{\dot{x}_1} = \underbrace{\frac{(\xi_{O2,42} - \xi_{O2,12})\, R_s\, \vartheta_{12}}{p_{12}\, V_{12}}}_{b_1 = b_1(x_1,\, \xi_{O2,42},\, \vartheta_{12},\, p_{12})}\, \underbrace{\dot{m}_{61}}_{u_1} + \underbrace{\frac{(\xi_{O2,Umg} - \xi_{O2,12})\, R_s\, \vartheta_{12}}{p_{12}\, V_{12}}}_{e_1 = e_1(x_1,\, \vartheta_{12},\, p_{12})}\, \underbrace{\dot{m}_{11}}_{z_1},$$

$$y_1 = \xi_{O2,21} = \underbrace{1}_{c_1}\, x_1. \qquad (5.38)$$

angegeben werden. Hierbei wird die Systemmatrix gemäß $a = 0$ skalar und das Modell damit ein einfacher Integrator. In der Gleichung tritt der Zustand $x_1 = \xi_{O2,12}$ im Stelleingriffsterm b_1 sowie im Störeingriffsterm e_1 auf. Die Differentialgleichung in dieser Form soll als Grundlage für die in den folgenden Abschnitten aufgeführten Methoden genutzt werden.

5.3.1 Flachheitsbasierte Folgeregelung

Für das vorliegende System 1. Ordnung ist die Flachheit trivial gegeben. Für die Wahl des Sauerstoffmassenteils im Mischbehälter NDAGR als flachen Ausgang $y_{f1} = \xi_{O2,12} = x_1 = \Psi_x(y_{f1})$ hängt dessen erste zeitliche Ableitung direkt von der Stellgröße $\dot{m}_{61}$ ab:

$$\dot{y}_{f1} = \dot{\xi}_{O2,12} = \frac{(\xi_{O2,42} - y_f) \, R_s \, \vartheta_{12}}{p_{12} \, V_{12}} \, \dot{m}_{61} + \frac{(\xi_{O2,Umg} - y_f) \, R_s \, \vartheta_{12}}{p_{12} \, V_{12}} \, \dot{m}_{11}. \tag{5.39}$$

Diese Bedingung ist erfüllt, wenn $\xi_{O2,42} \neq \xi_{O2,12}$ ist, da alle anderen eingehenden Parameter stets größer Null sind. Da der Sauerstoffmassenanteil $\xi_{O2,12}$ aus einer Mischung aus frischer Luft und Abgas entsteht, gilt für alle Motorbetriebspunkte $\xi_{O2,42} < \xi_{O2,12}$. Dieses Teilsystem ist somit differentiell flach.

Analog zum zentralen Regelungsentwurf soll auch hier eine flachheitsbasierte Folgeregelung untersucht werden. Für das System erster Ordnung ergibt sich die inverse Dynamik zu

$$\dot{m}_{61} = \frac{p_{12} \, V_{12}}{(\xi_{O2,42} - \xi_{O2,12}) \, R_s \, \vartheta_{12}} \dot{\xi}_{O2,12} + \frac{(\xi_{O2,Umg} - \xi_{O2,12})}{\xi_{O2,12} - \xi_{O2,42}} \, \dot{m}_{11} = \Psi_u(y_{f1}, \dot{y}_{f1}). \tag{5.40}$$

Mit der Wahl der höchsten Zeitableitung $\dot{\xi}_{O2,12}$ als stabilisierender Eingang v_1 kann die Fehlerdynamik stabilisiert werden:

$$v_1 = \dot{y}_{f1} = \dot{\xi}_{O2,12} = \dot{y}_{f1,d} + \bar{a}_0(y_{f1,d} - y_{f1}). \tag{5.41}$$

Der Koeffizient $\bar{a}_0 > 0$ ist dabei der Freiheitsgrad zur Einstellung der gewünschten Dynamik. Der Sollwert $y_{f1,d} = \xi_{O2,12,d}$ wird für diesen Regelkreis abhängig vom Motorbetriebspunkt über ein Kennfeld vorgegeben. Die Ableitung des Sollwertes $\dot{y}_{f1,d} = \dot{\xi}_{O2,12,d}$ wird hierbei über eine reale Differentiation mittels eines DT$_1$-Glieds bestimmt.

5.3.2 SISO-Optimalregler

Für die dezentrale Regelung soll nachfolgend ein Optimalregler untersucht werden. Die Matrix-Riccatigleichung aus (5.32) vereinfacht sich hier aufgrund der verschwindenden Systemmatrix und der Eindimensionalität zu

$$-r^{-1}p^2 b_1 (\xi_{O2,12})^2 + q = 0. \tag{5.42}$$

Die Eindimensionalität ermöglicht in diesem Fall, eine eindeutige Lösung für p zu finden. Dies ist im Vergleich zum zentralen Ansatz aus Abschnitt 5.2.2, bei dem numerische Lösungen herangezogen werden mussten, ein Vorteil. Das Auflösen der quadratischen Gleichung führt zu zwei Lösungen für p:

$$p_{1/2} = \pm \frac{\sqrt{r\,q}}{b_1(\xi_{O2,12})}. \tag{5.43}$$

Aufgrund der Forderung nach einem positiven p kann hier die negative Lösung verworfen werden, da alle Terme im Stelleingriffsfaktor b_1 für alle Motorbetriebspunkte positiv sind. Die Zustandsrückführung k_{LQR} kann für das vorliegende erste Teilsystem nach (5.31) mit

$$k_{LQR} = r^{-1} b_1(\xi_{O2,12})\, p_1 = \sqrt{\frac{q}{r}} \qquad (5.44)$$

angegeben werden. Hierbei fällt auf, dass die Zustandsrückführung wie schon beim MIMO-Optimalregler lediglich vom Quotienten der beiden Wichtungsfaktoren abhängig und damit konstant ist. Ein Einfluss des Zustands $\xi_{O2,12}$ ist hier nicht gegeben. Ebenfalls gehen hier keine veränderlichen Parameter mit ein. Bei der Auslegung der beiden Wichtungsparameter kann ein Wert auf 1 gesetzt werden, da nur das Verhältnis der beiden Parameter entscheidend ist.

5.3.3 Vorsteuerung

Während die entworfenen Regler darauf ausgelegt sind, vorhandene Modellunsicherheiten sowie Störungen auszugleichen, soll eine Steuerung hauptsächlich das Führungsverhalten des Systems beeinflussen. In der Praxis werden Steuerung und Regelung häufig kombiniert, sodass sich die Stellgröße $u(t)$ aus einem Anteil der Steuerung $u_V(t)$ und einem Anteil der Regelung $u_R(t)$ zusammensetzt. Die Vorsteuerung wird dabei so ausgelegt, dass die Strecke möglichst exakt der Führungsgröße $w(t)$ folgt[44].

Statisches Vorfilter

Zunächst soll eine Vorsteuerung für den statischen Fall bestimmt werden. Dazu wird die Stellgröße als Kombination aus Vorsteuerung und Regelung

$$u(t) = u_V(t) + u_R(t) = S\, w(t) - \underline{k}^T \underline{x}(t) \qquad (5.45)$$

in die Zustandsdifferentialgleichung des Systems eingesetzt:

$$\underline{\dot{x}}(t) = \underline{A}\, \underline{x}(t) + \underline{b}\left[S\, w(t) - \underline{k}^T \underline{x}(t)\right]. \qquad (5.46)$$

Aus der Forderung nach stationärer Genauigkeit $\underline{\dot{x}}(t) = \underline{0}$ folgt für den stationären Zustand $\underline{x}_s$:

$$\underline{x}_s = -\left[\underline{A} - \underline{b}\, \underline{k}^T\right]^{-1} \underline{b}\, S\, w_s \qquad (5.47)$$

mit der Führungsgröße im stationären Zustand w_s. Diese soll stationär mit der Ausgangsgröße $\underline{y}_s$ übereinstimmen, wodurch das statische Vorfilter mit

$$S = \left[\underline{c}^T\, (\underline{b}\, \underline{k}^T - \underline{A})^{-1} \underline{b}\right]^{-1} \qquad (5.48)$$

angegeben werden kann [25].

Für die flachheitsbasierte Folgeregelung ist eine Vorsteuerung bereits durch das nichtlineare inverse Modell gegeben. Daher wird im Folgenden das statische Vorfilter lediglich für den LQR-Regler entworfen. Für das vorliegende System vereinfacht sich (5.48) zu

$$S_{LQR} = \left[c_1 \, (b_1 \, k_i - a_1)^{-1} \, b_1 \right]^{-1} = k_{LQR}. \tag{5.49}$$

Somit ergibt sich für den SISO-Optimalregler das statische Vorfilter

$$S_{LQR} = k_{LQR} = \sqrt{\frac{q}{r}}. \tag{5.50}$$

Dynamische Vorsteuerung

Im Folgenden soll das statische Vorfilter erweitert werden, sodass auch das Folgeverhalten der zeitlichen Ableitung der Führungsgröße $w(t)$ berücksichtigt wird. Dazu wird der Anteil der Vorsteuerung an der Stellgröße zu

$$u_V(t) = k_{V0} \, w(t) + k_{V1} \, \dot{w}(t) + \cdots + k_{Vn} \, w^{(n)}(t) \tag{5.51}$$

erweitert, wobei $k_{V0} = S$ gilt. Dieser Steuerungsansatz entspricht der gewichteten Summe der Führungsgrößen [4]. Anschließend kann dieser Ansatz in die Ausgangsgleichung eines SISO-Systems im Bildbereich eingesetzt werden:

$$Y(s) = G(s) \, U_V(s) = \frac{b_0 \, k_{V0} + b_0 \, k_{V1} \, s + \cdots + b_0 \, k_{Vn} \, s^n}{a_0 + a_1 \, s + \cdots + a_n \, s^n} \, W(s). \tag{5.52}$$

Aus der Forderung $Y(s) = W(s)$ können die Faktoren $k_{V,LQR}$ über einen Koeffizientenvergleich ermittelt werden:

$$k_{V,i} = \frac{a_i}{b_0}. \tag{5.53}$$

Für das vorliegende System ergeben sich die Koeffizienten für den LQR-Regler zu

$$\underline{k}_{V,LQR}^T = \left[\sqrt{\frac{q}{r}} \quad \frac{p_{12} \, V_{12}}{(\xi_{O2,42} - \xi_{O2,12}) \, R_s \, \vartheta_{12}} \right]. \tag{5.54}$$

5.3.4 Kompensation der Störgröße Einlassmassenstrom

Der Sauerstoffmassenanteil im Mischbehälter NDAGR wird durch den Einlassmassenstrom $\dot{m}_{11}$ beeinflusst. Dieser ändert sich aufgrund eines Betriebspunktwechsels des Motors oder aufgrund einer Öffnung der NDAGR-Klappe und stellt hier eine Störgröße des Teilsystems dar. Im Folgenden soll diese Störgröße $z(t)$ in der Stellgröße $u(t)$ berücksichtigt werden, damit eine Änderung im Einlassmassenstrom das Regelverhalten nicht negativ beeinflusst.

In aktuellen Serienmotoren ist ein Heißfilm-Luftmassenmesser verbaut, mit dem der Einlassmassenstrom direkt gemessen werden kann. Die Stellgröße $u(t)$ wird um einen Anteil zur Kompensation der Störgröße $u_Z(t)$ erweitert. Dieser soll im Idealfall den Störterm $\underline{e}\,\underline{z}(t)$ vollständig eliminieren. Daraus folgt die Bedingung:

$$\underline{b}\,u_Z(t) = -\underline{e}\,\underline{z}(t). \tag{5.55}$$

Falls die Stelleingriffsmatrix invertierbar ist, kann diese Gleichung nach $\underline{u}_Z(t)$ aufgelöst werden:

$$u_Z(t) = -\underline{b}^{-1}\,\underline{e}\,\underline{z}(t). \tag{5.56}$$

Dies ist jedoch nur möglich, wenn die Anzahl der Stellgrößen der Anzahl der Zustände entspricht. Für das vorliegende System ist diese Bedingung erfüllt. Der Anteil der Störkompensation an der Stellgröße kann somit wie folgt berechnet werden:

$$u_Z(t) = -\frac{e_1}{b_1}\,z_1(t) = \frac{\xi_{O2,Umg} - \xi_{O2,12}}{\xi_{O2,12} - \xi_{O2,42}}\,\dot{m}_{11}. \tag{5.57}$$

Die Störkompensation ist also ebenfalls zum Zustand $\xi_{O2,12}$ abhängig.

Das vorliegende Konzept benötigt einen Sauerstoffsensor in der Ansaugstrecke des Motors. Da dieser gegenüber aktuellen Serienprojekten zusätzlich zu installieren ist, erhöhen sich die Gesamtkosten des Motors. Diese sollten durch den besseren Betrieb des Motors kompensiert oder sogar verringert werden, damit sich der Einsatz des Sauerstoffsensors rentiert. Eine kostenneutrale Weiterentwicklung des Motors könnte auch durch den Entfall eines Seriensensors erzielt werden, dessen Signal aus der neuen Information des Sauerstoffmassenanteils mit Hilfe von Modellen gewonnen werden muss. Im Folgenden soll daher geprüft werden, ob der Einlassmassenstrom durch ein Beobachterkonzept bestimmt werden kann, sodass der Heißfilm-Luftmassenmesser entfallen kann. Dazu wird zunächst ein Störmodell angegeben und anschließend ein Störbeobachter entworfen.

Störmodell für den Einlassmassenstrom

Der Einlassmassenstrom kann als näherungsweise konstante Störgröße aufgefasst werden. Aus diesem Grund wird ein Integrator als Störmodell verwendet:

$$\begin{aligned} \dot{x}_Z(t) &= A_Z\,x_Z(t) = 0, \\ z_1(t) &= c_Z\,x_Z(t). \end{aligned} \tag{5.58}$$

Die Zustandsraumbeschreibung der gestörten Regelstrecke kann damit um die Störgröße als weiteren Zustand erweitert werden:

$$\underbrace{\begin{bmatrix} \dot{x} \\ \dot{x}_Z \end{bmatrix}}_{\dot{\underline{x}}_e} = \underbrace{\begin{bmatrix} A & e\,c_Z \\ 0 & A_Z \end{bmatrix}}_{\underline{A}_e} \underbrace{\begin{bmatrix} x \\ x_Z \end{bmatrix}}_{\underline{x}_e} + \underbrace{\begin{bmatrix} b \\ 0 \end{bmatrix}}_{\underline{b}_e} u,$$

$$y_m = \underbrace{\begin{bmatrix} \underline{c}_m^T & 0 \end{bmatrix}}_{\underline{c}_{me}^T} \underbrace{\begin{bmatrix} x \\ x_Z \end{bmatrix}}_{\underline{x}_e}.$$

(5.59)

Dabei beschreibt y_m die Messgröße. Für das vorliegende System ergibt sich damit die folgende erweiterte Zustandsraumbeschreibung:

$$\underbrace{\begin{bmatrix} \dot{\xi}_{O2,12} \\ \dfrac{d}{dt}\dot{m}_{11} \end{bmatrix}}_{\dot{\underline{x}}_e} = \underbrace{\begin{bmatrix} 0 & \dfrac{(\xi_{O2,Umg} - \xi_{O2,12})\,R_s\,\vartheta_{12}}{p_{12}\,V_{12}} \\ 0 & 0 \end{bmatrix}}_{\underline{A}_e} \underbrace{\begin{bmatrix} \xi_{O2,12} \\ \dot{m}_{11} \end{bmatrix}}_{\underline{x}_e} + \underbrace{\begin{bmatrix} \dfrac{(\xi_{O2,42} - \xi_{O2,12})\,R_s\,\vartheta_{12}}{p_{12}\,V_{12}} \\ 0 \end{bmatrix}}_{\underline{b}_e} \underbrace{\dot{m}_{61}}_{u_1},$$

$$y_{m1} = \xi_{O2,12} = \underbrace{\begin{bmatrix} 1 & 0 \end{bmatrix}}_{\underline{c}_{me}^T} \underbrace{\begin{bmatrix} \xi_{O2,12} \\ \dot{m}_{11} \end{bmatrix}}_{\underline{x}_e}.$$

(5.60)

Bevor nun ein Beobachter zur Schätzung von $x_Z(t) = \dot{m}_{11}$ entworfen werden kann, muss geprüft werden, ob das System vollständig beobachtbar ist. Zur Prüfung der Beobachtbarkeit kann das Kriterium von Kalman herangezogen werden, wonach ein System genau dann vollständig beobachtbar ist, wenn die Beobachtbarkeitsmatrix

$$\underline{Q}_B = \begin{bmatrix} \underline{c}^T \\ \underline{c}^T \underline{A} \\ \underline{c}^T \underline{A}^2 \\ \vdots \\ \underline{c}^T \underline{A}^{n-1} \end{bmatrix}$$

(5.61)

einen vollständigen Rang gleich der Systemordnung hat [44]. Für das vorliegende System ergibt sich folgende zustands- und parameterabhängige Beobachtbarkeitsmatrix

$$\underline{Q}_B = \begin{bmatrix} \underline{c}_{me}^T \\ \underline{c}_{me}^T \underline{A}_e \end{bmatrix} = \begin{bmatrix} 1 & 0 \\ 0 & \dfrac{(\xi_{O2,Umg} - \xi_{O2,12})\,R_s\,\vartheta_{12}}{p_{12}\,V_{12}} \end{bmatrix}.$$

(5.62)

Vollständige Beobachtbarkeit ist somit nur dann gewährleistet, wenn $\xi_{O2,12} \neq \xi_{O2,Umg}$ gilt. Das bedeutet, dass der Einlassmassenstrom nur dann beobachtet werden kann, wenn die NDAGR-Klappe nicht geschlossen ist, da ansonsten frische Luft mit dem Sauerstoffmassenanteil der Umgebung in den Motor strömt. Je nach Motorbetriebspunkt ist eine geschlossene NDAGR-Klappe durchaus üblich. Für diesen Fall muss der Einlassmassenstrom über andere Sensoren erfasst werden.

Entwurf eines Störbeobachters

Im Folgenden soll der Entwurf eines vollständigen Beobachters zur Schätzung der Störgröße $\dot{m}_{11}$ beschrieben werden. Dazu wird zunächst die Zustandsdifferentialgleichung des Beobachters als Summe eines Parallelmodells der Strecke und des gewichteten Ausgangsfehlers aufgestellt:

$$\dot{\hat{\underline{x}}}_e(t) = (\underline{A}_e - \underline{h}_1 \, \underline{c}_{me}^T)\hat{\underline{x}}_e(t) + \underline{h}_1 \, y_m + \underline{b}_e \, u(t). \tag{5.63}$$

Dabei beschreibt $\hat{\underline{x}}_e$ den beobachteten Zustandsvektor und $\underline{h}_1^T = \begin{bmatrix} h_{11} & h_{12} \end{bmatrix}^T$ den Vektor der Beobachterverstärkung. Die Dynamik des Beobachters wird durch ein Hurwitz-Polynom vorgegeben:

$$det(s\underline{I} - \underline{A}_e + \underline{h}_1 \, \underline{c}_{me}^T) = s^n + \bar{a}_{Bn-1}s^{n-1} + \cdots + \bar{a}_{B1}s + \bar{a}_{B0}. \tag{5.64}$$

Hierbei sollten die Eigenwerte des Beobachters weiter links in der s-Halbebene liegen als die des Reglers, damit die beobachteten Zustände schneller gegen die wahren Zustände konvergieren als der Regler darauf reagiert. Es ergibt sich die Beobachterverstärkung für das vorliegende System zu

$$\underline{h}_1 = \begin{bmatrix} \bar{a}_{B0} \\ \dfrac{V_{12} \, p_{12} \, \bar{a}_{B1}}{(\xi_{O2,Umg} - \xi_{O2,12})R_s \, \vartheta_{12}} \end{bmatrix}. \tag{5.65}$$

Der mit dem Störbeobachter geschätzte Einlassmassenstrom $z_1(t) = c_Z \, x_Z(t) = \dot{m}_{11}(t)$ kann über eine Störgrößenaufschaltung nach (5.56) im Regelgesetz berücksichtigt werden.

Die fehlende Eigenschaft der Beobachtbarkeit für den Fall $\xi_{O2,12} = \xi_{O2,Umg}$ kann direkt in der Implementierung des Beobachters berücksichtigt werden. Dieser Fall tritt immer dann auf, wenn die NDAGR-Klappe geschlossen ist. Der Einlassmassenstrom gleicht dann, rein statisch betrachtet, dem vom Motor angesaugten Gesamtmassenstrom $\dot{m}_{Mot}$ nach (4.16). Der im Beobachter auftretende Integrator des Störmodells kann mit dem Gesamtmassenstrom neu initialisiert werden, wenn die NDAGR-Klappe geschlossen ist. Der Integrator des Parallelmodells wird dabei mit dem Sauerstoffmassenanteil der Umgebung $\xi_{O2,Umg}$ initialisiert. Die Struktur der Regelung des ersten Teilsystems ist in Abbildung 5.2 zu sehen. Hier sind die nichtlineare Regelstrecke, die Zustandsrückführung, die dynamische Vorsteuerung sowie der Störbeobachter mit der statischen Störgrößenaufschaltung enthalten. Für die Vorsteuerung und die Zustandsrückführung können jeweils die berechneten Werte für die Eigenwertvorgabe bzw. den LQR-Regler eingesetzt werden.

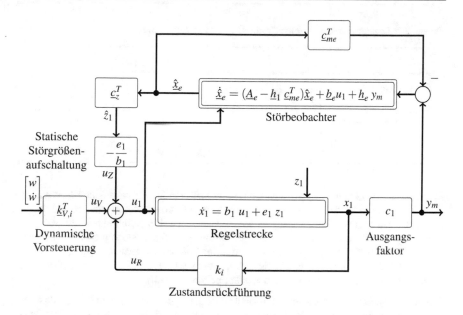

Abbildung 5.2: Systemschaubild der Regelung des Teilsystems Sauerstoffmassenanteil im Mischbehälter NDAGR

5.3.5 Vergleich der dezentralen Regler des Sauerstoffmassenanteils

Aus den einzelnen Teilen für Vorsteuerung, Zustandsrückführung sowie Störgrößenkompen-
sation kann der Stellgrößenverlauf in der Form

$$u_1(t) = \dot{m}_{61,d} = u_V(t) - u_R(t) + u_Z(t) \tag{5.66}$$

angegeben werden. Der Anteil der Störkompensation $u_Z(t)$ aus (5.57) ist für jeden Regelungsansatz gleich. In der Tabelle 5.1 sind die Anteile der Vorsteuerung sowie der Rückführung für die einzelnen Regler gegenübergestellt. Der erhaltene Stellgrößenverlauf $u_1(t)$
für den Sollmassenstrom $\dot{m}_{61,d}$ durch die NDAGR-Klappe wird im Folgenden in eine Klappenposition umgerechnet. Dazu wird die Drosselgleichung für inkompressible Strömung
nach (4.12) verwendet und so umgestellt, dass die gewünschte effektive Öffnungsfläche
$A_{Eff61,d}$ in der Form

$$A_{Eff61,d} = \frac{\dot{m}_{61,d}}{\sqrt{\dfrac{2\,p_{42}}{R\,\vartheta_{42}}}\,\sqrt{p_{42} - p_{12}}} \tag{5.67}$$

Tabelle 5.1: Regelgesetze der einzelnen Varianten und ihre Aufteilung

	$u_V(t)$	$u_R(t)$
Flachheitsbasierte Folgeregelung	$\dfrac{p_{12}\,V_{12}\,(\bar{a}_0\,\xi_{O2,12,d} + \dot{\xi}_{O2,12,d})}{(\xi_{O2,42} - \xi_{O2,12})\,R_s\,\vartheta_{12}}$	$\dfrac{p_{12}\,V_{12}\,\bar{a}_0\,\xi_{O2,12}}{(\xi_{O2,42} - \xi_{O2,12})\,R_s\,\vartheta_{12}}$
Optimalregler	$\sqrt{\dfrac{q}{r}}\,\xi_{O2,12,d} + \dfrac{p_{12}\,V_{12}\,\dot{\xi}_{O2,12,d}}{(\xi_{O2,42} - \xi_{O2,12})\,R_s\,\vartheta_{12}}$	$\sqrt{\dfrac{q}{r}}\,\xi_{O2,12}$

berechnet werden kann. Die erhaltene Gleichung stellt eine Invertierung der Klappenkennlinie dar. Die Beziehung zwischen der gewünschten effektiven Öffnungsfläche und der gewünschten Klappenposition $s_{NDAGR,d}$ ist durch das Kennfeld in Abbildung 4.12b bestimmt. Die Klappenposition wird relativ im Bereich zwischen voll geschlossen (= 0 %) und voll geöffnet (= 100 %) angegeben. Die so ermittelte Sollklappenposition $s_{NDAGR,d}$ wird an die NDAGR-Klappe übergeben. Die Einstellung der gewünschten Position ist intern durch einen unterlagerten Regelkreis im Steuergerät der Klappe realisiert.

Aus der Drosselgleichung für inkompressible Strömung nach (4.12) geht hervor, dass der Massenstrom $\dot{m}_{61}$ durch die NDAGR-Klappe neben der effektiven Öffnungsfläche auch von der Druckdifferenz $p_{42} - p_{12}$ abhängt. Das bedeutet, dass trotz einer voll geöffneten NDAGR-Klappe bei einer geringen Druckdifferenz nur wenig Massenstrom fließt. Außerdem muss im Motorbetrieb sichergestellt werden, dass diese Druckdifferenz stets positiv ist. Sollte die Druckdifferenz negativ sein, würde frische Luft am Motor vorbei direkt durch die Abgasklappe strömen. Im Folgenden soll durch eine Regelung des Drucks p_{42} vor der Abgasklappe ein positives Spülgefälle über der NDAGR-Klappe sichergestellt und zusätzlich der Stellbereich für den Sollmassenstrom $\dot{m}_{61,d}$ erweitert werden.

5.4 Dezentrale Regelung des Drucks vor NDAGR-Klappe

In diesem Abschnitt soll eine Regelung für das zweite Teilsystem - die Druckdynamik vor der NDAGR-Klappe - entworfen werden. Hierzu wird (5.37) als parameterabhängige Zustandsdifferentialgleichung in der Form

$$\underbrace{\dot{p}_{42}}_{\dot{x}_2} = -\underbrace{\frac{R_s\,\vartheta_{42}}{V_{42}}}_{b_2}\,\underbrace{\dot{m}_{43}}_{u_2} + \underbrace{\left[-\frac{R_s\,\vartheta_{42}}{V_{42}} \quad \frac{R_s\,\vartheta_{42}}{V_{42}}\right]}_{\underline{e}_2^T}\,\underbrace{\begin{bmatrix} \dot{m}_{61} \\ \dot{m}_{41} \end{bmatrix}}_{\underline{z}_2} \tag{5.68}$$

verwendet. Auch in diesem Teilsystem verschwindet die Systemmatrix. Der Massenstrom $\dot{m}_{43}$ durch die Abgasklappe wird als Stellgröße gewählt und der aus dem Motor ausströmende Massenstrom $\dot{m}_{41}$ als Störgröße. Als zweite Störgröße wird hier der Massenstrom $\dot{m}_{61}$ durch die NDAGR-Klappe gewählt, der im ersten Teilsystem als Stellgröße dient. Somit kann mit einer Stellgröße in diesem Teilsystem auch auf Änderungen durch die Regelung des ersten Teilsystems reagiert werden.

Mit der Wahl des Drucks p_{42} als flachen Ausgang ist auch dieses System differentiell flach [4]. Damit kann eine flachheitsbasierte Folgeregelung entworfen werden.

5.4.1 Flachheitsbasierte Folgeregelung

Aufgrund der einfachen Implementierung soll auch für dieses Teilsystem eine flachheitsbasierte Folgeregelung entworfen werden. Dazu wird (5.68) zunächst nach der Stellgröße u_2 umgestellt und somit die inverse Dynamik des Systems bestimmt:

$$u_2 = -\frac{V_{42}}{R_s\,\vartheta_{42}}\,\dot{y}_{f2} - \dot{m}_{61} + \dot{m}_{41}. \tag{5.69}$$

Die Stellgröße hängt somit vom flachen Ausgang y_{f2} sowie seiner Ableitung, weiteren Parametern und den Störgrößen $\dot{m}_{61}$ und $\dot{m}_{41}$ ab. Mit der Wahl der höchsten zeitlichen Ableitung $\dot{p}_{42}$ als stabilisierenden Eingang v_2 kann die Fehlerdynamik stabilisiert werden:

$$v_2 = \dot{y}_{f2} = \dot{p}_{42} = \dot{y}_{f2,d} + \bar{a}_0(y_{f2,d} - y_{f2}). \tag{5.70}$$

Der positive Koeffizient $\bar{a}_0 > 0$ wird entsprechend der gewünschten Dynamik des Trajektorienfolgefehlers $y_{f2,d} - y_{f2}$ gewählt, womit asymptotische Stabilität gesichert ist.

5.4.2 Kompensation der Störgröße Abgasmassenstrom

Zur Berechnung der Stellgröße u_2 nach (5.69) müssen die Störgrößen $\dot{m}_{61}$ und $\dot{m}_{41}$ bekannt sein. Der Massenstrom durch die NDAGR-Klappe $\dot{m}_{61}$ kann über die Drosselgleichung für inkompressible Strömung nach (4.12) bestimmt werden. Dabei werden die Drücke vor der Klappe p_{42} und nach der Klappe p_{12} sowie die Klappenstellung s_{NDAGR} über Sensoren erfasst. Der Massenstrom $\dot{m}_{41}$, der in den Behälter hineinströmt, ist rein statisch betrachtet die Summe aus dem vom Motor angesaugten Massenstrom $\dot{m}_{Mot}$ und dem eingespritzten Kraftstoffmassenstrom $\dot{m}_{Kr}$. Im Folgenden soll der Massenstrom jedoch über einen Beobachter geschätzt werden, um auch dynamische Effekte sowie Modellunsicherheiten mit zu berücksichtigen. Dazu wird erneut auf ein Integrator-Störmodell zurückgegriffen. Die Zustandsraumdarstellung wird um dieses Modell erweitert:

$$\underbrace{\begin{bmatrix} \dot{p}_{42} \\ \dfrac{d}{dt}\dot{m}_{41} \end{bmatrix}}_{\dot{\underline{x}}_e} = \underbrace{\begin{bmatrix} 0 & \dfrac{R_s\,\vartheta_{42}}{V_{42}} \\ 0 & 0 \end{bmatrix}}_{\underline{A}_e} \underbrace{\begin{bmatrix} p_{42} \\ \dot{m}_{41} \end{bmatrix}}_{\underline{x}_e} + \underbrace{\begin{bmatrix} -\dfrac{R_s\,\vartheta_{42}}{V_{42}} \\ 0 \end{bmatrix}}_{\underline{b}_e} \underbrace{\dot{m}_{43}}_{u_2} + \underbrace{\begin{bmatrix} -\dfrac{R_s\,\vartheta_{42}}{V_{42}} \\ 0 \end{bmatrix}}_{\underline{e}_e} \underbrace{\dot{m}_{61}}_{z_{21}},$$

$$y_{m2} = \underbrace{\begin{bmatrix} 1 & 0 \end{bmatrix}}_{\underline{c}_{me}^T} \underbrace{\begin{bmatrix} p_{42} \\ \dot{m}_{41} \end{bmatrix}}_{\underline{x}_e} = p_{42}. \tag{5.71}$$

Zur Schätzung des unbekannten Massenstroms soll für dieses Teilsystem ein reduzierter Beobachter [4, 27] entworfen werden, der nur die unbekannte Größe schätzt. Beim vollständigen Beobachter im ersten Teilsystem wurden alle Zustände geschätzt. Ein reduzierter Beobachter kann hier verwendet werden, da die Zustandsgröße p_{42} direkt gemessen werden kann. Somit wird nur die Schätzung der unbekannten Größe benötigt. Dadurch kann die Systemordnung für den Beobachterentwurf verringert werden, wodurch auch der Implementierungsaufwand sinkt. Zusätzlich ist eine höhere Dynamik erreichbar [44].

Die Zustandsgleichung des reduzierten Beobachters kann wie folgt angegeben werden [44]:

$$
\begin{aligned}
\dot{\tilde{x}}_{e2}(t) =& (A_{e22} - h_2\,A_{e12})\,\tilde{x}_{e2}(t) + (b_{e2} - h_2\,b_{e1})\,u_2(t) + (e_{e2} - h_2\,e_{e1})\,z_{21}(t) \\
& + [(A_{e22} - h_2\,A_{e12})\,h_2 + A_{e21} - h_2\,A_{e11}]\,y_{m2}(t), \\
\hat{x}_{e2} =& \tilde{x}_{e2}(t) + h_2\,y_{m2}(t).
\end{aligned}
\tag{5.72}
$$

Die Eigendynamik lässt sich durch eine Eigenwertvorgabe festlegen

$$
det(s - A_{e22} + h_2\,A_{e12}) = s + \overline{a}_{B0}.
\tag{5.73}
$$

Für das vorliegende System ergibt sich daraus die Beobachterverstärkung

$$
h_2 = \frac{\overline{a}_{B0}V_{42}}{R_s\vartheta_{42}}.
\tag{5.74}
$$

Das Blockschaltbild des reduzierten Beobachters ist in Abbildung 5.3 dargestellt.

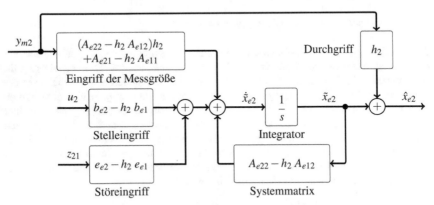

Abbildung 5.3: Blockschaltbild des reduzierten Beobachters zur Bestimmung des Abgasmassenstroms

5.4.3 Stellposition der Abgasklappe

Das Systemschaltbild für das zweite Teilsystem - bestehend aus flachheitsbasierter Folgeregelung, der Regelstrecke sowie dem reduzierten Beobachter - ist in Abbildung 5.4 dargestellt. Der erhaltene Stellgrößenverlauf $u_2(t)$ für den Sollmassenstrom $\dot{m}_{43,d}$ durch die

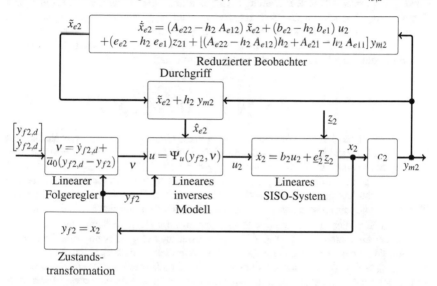

Abbildung 5.4: Systemschaubild der Regelung des Teilsystems Druck vor Abgasklappe

Abgasklappe wird auch hier in eine Klappenposition umgerechnet. Dazu wird erneut die Drosselgleichung für inkompressible Strömung invertiert, so dass die gewünschte effektive Öffnungsfläche $A_{Eff43,d}$ in der Form

$$A_{Eff43,d} = \frac{\dot{m}_{43,d}}{\sqrt{\dfrac{2\,p_{42}}{R\,\vartheta_{42}}}\,\sqrt{p_{42} - p_{Umg}}} \tag{5.75}$$

berechnet werden kann. Die Beziehung zwischen der gewünschten effektiven Öffnungsfläche und der gewünschten Klappenposition $s_{AKL,d}$ ist über das in Abbildung 4.12a gezeigte Kennfeld bestimmt. Die Klappenposition wird relativ im Bereich zwischen voll geöffnet (= 0 %) und voll geschlossen (= 100 %) angegeben. Die so ermittelte Sollklappenposition $s_{AKL,d}$ wird an die Abgasklappe übergeben. Die Einregelung der gewünschten Position ist intern durch einen unterlagerten Regelkreis im Steuergerät realisiert.

5.5 Sollwertvorgabe und Kopplung der Teilsysteme

Im Folgenden soll die Kopplung der beiden Teilsysteme beschrieben werden. Der Applikateur des Motors soll später für verschiedene Motorbetriebspunkte den Sollsauerstoffmassenanteil $\xi_{O2,12,d}$ nach NDAGR-Einleitung bestimmen und über ein betriebspunktabhängiges Kennfeld vorgeben können. Der Sollwert für den Druck $p_{42,d}$ vor der Abgasklappe soll hingegen aus der Anforderung an den Massenstrom durch die NDAGR-Klappe modellbasiert bestimmt werden. Dazu wird erneut die Drosselgleichung für reibungsbehaftete inkompressible Strömung nach (4.12) verwendet und nach dem Druck umgestellt:

$$p_{42,d_{1/2}} = \frac{p_{12}}{2} \pm \sqrt{\frac{p_{12}^2}{4} + \frac{\dot{m}_{61,d}^2 \, R_s \, \vartheta_{42}}{2 \, A_{Eff61}^{'2} (s_{NDAGR}^{'})}} \, . \tag{5.76}$$

Der zweite Fall, bei dem der Wurzelterm negativ in die Gleichung eingeht, ist irrelevant. Die Gleichung ist nur gültig für eine adaptierte effektive Öffnungsfläche $A_{Eff61}^{'} \neq 0$. Zur Realisierung des gewünschten Massenstroms $\dot{m}_{61,d}$ durch die NDAGR-Klappe soll der Druck vor der Klappe so wenig wie möglich erhöht werden. Ein hoher Druck bedeutet, dass die Ladungswechselarbeit des Motors erhöht wird. Ein höherer Verbrauch wäre die Folge. Der Wunsch ist also, $\dot{m}_{61,d}$ sofern möglich, allein durch die Stellung der NDAGR-Klappe zu realisieren. Um dies zu erreichen, wird hier der zu applizierende Parameter $s_{NDAGR}^{'}$ eingeführt, der die Position der NDAGR-Klappe im stationär eingeschwungenen Zustand beschreibt. Wenn die Istposition der NDAGR-Klappe größer ist als der applizierte Parameter, d.h. $s_{NDAGR} > s_{NDAGR}^{'}$, wird der Solldruck gegenüber dem Istdruck erhöht und der Druckregler bedient die Abgasklappe. Liegt die Istposition der Klappe unterhalb dieses Parameters, d.h. $s_{NDAGR} < s_{NDAGR}^{'}$, wird ein Solldruck $p_{42,d}$ berechnet, der kleiner ist als der Istdruck p_{42}. Wenn der Massenstrom durch die NDAGR-Klappe zusätzlich durch die Position der Klappe erreicht wird, wird ein Solldruck berechnet, der physikalisch unmöglich klein ist, da die Abgasklappe dann immer voll geöffnet ist. Für diesen Fall kann die Begrenzung der Stellgröße s_{AKL} jedoch toleriert werden, da das Ziel die Einregelung des Sauerstoffmassenanteils ist und der Druck hier nur als Hilfsgröße dient. Auf die Einregelung des Drucks wird dies keinen Einfluss haben.

Die Abbildung 5.5 zeigt nun die Regelung des Gesamtsystems. Der Sollwert für den Sauerstoffmassenanteil $\xi_{O2,12,d}$ wird vom Motorbetriebspunkt vorgegeben. Der Sollwert für den Druck $p_{42,d}$ vor der NDAGR-Klappe wird mit der inversen Kennlinie der NDAGR-Klappe berechnet. Hier geht auch der applizierte Wert für die NDAGR-Position im eingeschwungenen Zustand mit ein. In den Blöcken „Sauerstoffregelung" bzw. „Druckregelung" sind die Strukturen enthalten, die in den Abbildungen 5.2 und 5.4 dargestellt sind. Die dort berechneten Sollmassenströme $\dot{m}_{61,d}$ und $\dot{m}_{43,d}$ werden über die jeweiligen inversen Klappenkennlinien für die NDAGR-Klappe sowie der Abgasklappe in eine Klappenposition umgerechnet. Nach einer Begrenzung werden diese Sollpositionen $s_{NDAGR,d}$ und $s_{AKL,d}$ dann an die Klappen bzw. an die Regelstrecke übergeben. Die Istgrößen $\xi_{O2,12}$ sowie p_{42} werden gemessen und in den jeweiligen Regelungen genutzt.

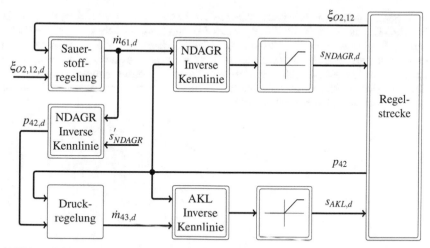

Abbildung 5.5: Systemschaubild der dezentralen Gesamtsystemregelung

5.6 Zusammenfassung der untersuchten Regler

Für die Regelung des Sauerstoffmassenanteils im Ansaugtrakt des Motors sind sowohl zentrale als auch dezentrale Ansätze untersucht worden. Bei den zentralen Ansätzen konnte die flachheitsbasierte Folgeregelung sowohl für das Modell 5. Ordnung als auch für das Modell 2. Ordnung umgesetzt werden. Die Nichtlinearitäten des Systems werden dabei durch das jeweilige inverse Modell kompensiert, wodurch ein linearer Regler verwendet werden kann. Für das Modell 2. Ordnung konnte ebenfalls ein MIMO-Optimalregler als zentraler Regelungsansatz entworfen werden. Die Reglerverstärkung ist hierbei lediglich von den beiden Wichtungsmatrizen abhängig und somit konstant. Zusätzlich wurde eine dynamische Vorsteuerung entworfen. Durch die Kopplung der beiden Regelgrößen Sauerstoffmassenanteil und Druck vor NDAGR-Klappe in den zentralen Ansätzen ist eine modellbasierte Vorgabe der Sollwerte für den Druck nicht umzusetzen. Zudem ist die Umsetzung von Störbeobachtern aufgrund der höheren Systemordnung gegenüber den dezentralen Ansätzen aufwendiger.

Zur Umsetzung einer dezentralen Regelung ist das MIMO-System in zwei SISO-Systeme 1. Ordnung aufgeteilt worden. Für die Regelung des Sauerstoffmassenanteils im Ansaugtrakt des Motors wurde eine flachheitsbasierte Folgeregelung umgesetzt. Die Reglerverstärkung ist für diesen Ansatz sowohl zustands- als auch parameterabhängig. Als Alternative dazu ergibt sich beim SISO-Optimalregler eine konstante Reglerverstärkung, die lediglich von den Wichtungsfaktoren abhängig ist. Für die Regelung des Drucks vor der NDAGR-Klappe ist eine flachheitsbasierte Folgeregelung umgesetzt.

Im Folgenden sollen die dezentralen Ansätze der flachheitsbasierten Folgeregelung sowie der SISO-Optimalregler für die Regelung des Sauerstoffmassenanteils und eine flachheitsbasierte Folgeregelung des Drucks vor der NDAGR-Klappe in der Simulation sowie im Experiment umgesetzt und bewertet werden. Für die dezentralen Ansätze sind auch jeweils ein Beobachter für die Störgrößen Einlass- bzw. Abgasmassenstrom entworfen worden. Die Kompensation der Störgrößen sollte die Regelgüte weiter verbessern, was ebenfalls in der Simulation sowie im Experiment untersucht wird.

6 Ergebnisse der dezentralen Entwurfsvarianten

Nachdem die Regelung für den Sauerstoffmassenanteil im Ansaugtrakt des Motors entworfen wurde, sollen in diesem Kapitel Ergebnisse anhand eines Simulationsmodells sowie eines Motorenprüfstands gezeigt werden. Hierbei steht die erreichbare Güte der Regelung in der Simulation und im Experiment im Fokus. Ferner sollen die beiden Ansätze der flachheitsbasierten Regelung sowie der Optimalregelung miteinander verglichen werden. Abschließend wird ein Vergleich der neuen sauerstoffbasierten Regelung gegenüber der bisherigen AGR-Ratenregelung angestellt und bewertet.

6.1 Simulationsergebnisse

Für den funktionalen Test der Regelung wird zunächst ein Simulationsmodell auf Basis des erweiterten Gesamtsystems aus (4.38) in MATLAB/Simulink erstellt. Das bedeutet, dass neben den beiden für den Regelungsentwurf verwendeten Differentialgleichungen auch die Verzögerungen der Klappenstellung sowie die Verzögerung des Sauerstoffmassenanteils in das Modell mit eingehen. Dieses Simulationsmodell soll die Realität in hinreichender Genauigkeit abbilden. Der Test einer neuen Regelung an einem Simulationsmodell bietet in einer frühen Entwicklungsphase den Vorteil, den Funktionscode bereits auf Richtigkeit und Vollständigkeit überprüfen zu können. Ferner kann im Simulationsmodell ein erster Eindruck über die erreichbare Güte gewonnen werden. Da der Betrieb eines Motorprüfstands mit hohen Kosten verbunden ist, kann durch das Simulationsmodell die Zeit für die Inbetriebnahme der Methoden am Prüfstand verkürzt werden.

Die Simulation wird im gleichen, festen Zeitraster wie auch die Funktion später am Prüfstand ausgeführt. Die Abtastzeit beträgt dabei 0.01 s. Im Gegensatz zum realen Motor stehen für das Simulationsmodell keine Sensorsignale zur Verfügung. Für die zeitlich veränderlichen Parameter werden daher folgende Annahmen für die Simulation getroffen:

- Sauerstoffmassenanteil im Abgas $\xi_{O2,42} = 0.14 = const.$

- Umgebungsdruck $p_{Umg} = 1009$ mbar

- Druck im Mischbehälter $p_{12} = 1007$ mbar $= const.$

- Temperatur des Behälters vor NDAGR-Klappe $\vartheta_{42} = 300\,°C = const.$

- Temperatur im Mischbehälter $\vartheta_{12} = 30\,°C = const.$

- Gesamtmassenstrom $\dot{m}_{Mot} = 0.04\,\frac{kg}{s} = const.$

- Gesamter Abgasmassenstrom (Störgröße) $\dot{m}_{41} = 0.04\,\frac{kg}{s}$ + Sinus mit einer Amplitude von $0.0001\,\frac{kg}{s}$ und einer Frequenz von $1\,\frac{rad}{s}$

- Frischluftmassenstrom (Störgröße) $\dot{m}_{11} = \dot{m}_{Mot} - \dot{m}_{61}$

© Springer Fachmedien Wiesbaden GmbH, ein Teil von Springer Nature 2018
D. Schwarz, *Regelung des Dieselmotors*, AutoUni – Schriftenreihe 118,
https://doi.org/10.1007/978-3-658-21841-6_6

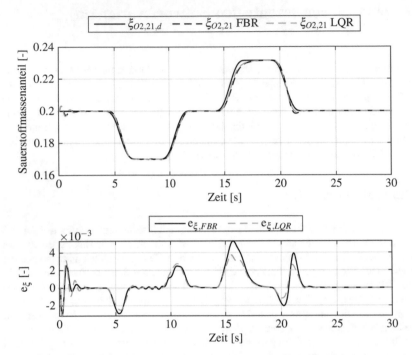

Abbildung 6.1: Simulation: Verlauf des Sauerstoffmassenanteils und Regelfehler

Gerade die Parameter Sauerstoffmassenanteil $\xi_{O2,42}$ im Abgas und die Temperatur im Mischbehälter ϑ_{12} ändern sich bei der Zuführung von NDAGR in den Frischluftpfad. Um diese Eigenschaft im Simulationsmodell zu berücksichtigen, müssten eigene Modelle für diese Parameter erstellt werden. Für den Test der Regelung soll hier darauf verzichtet werden. Die weiteren Parameter wie Zeitverzögerungen, Verstärkungen, effektive Öffnungsflächen und Volumen werden gemäß Abschnitt 4.4 festgelegt.

6.1.1 Regelung des Sauerstoffmassenanteils

Für den Test der Regelung wird eine Trajektorie für den Sollwert des Sauerstoffmassenanteils $\xi_{O2,21,d}$ vorgegeben. Die Trajektorie wird so gewählt, dass ein möglichst großer Arbeitsbereich von 0.17 bis 0.2315 (Frischluft) angefahren wird. Gleichzeitig wird eine entsprechende Dynamik aufgeprägt, indem Änderungen im Sauerstoffmassenanteil von $\Delta\xi_{O2,21,d} = 0.03$ innerhalb von 2 s zu erreichen sind.

Die Abbildung 6.1 zeigt den Verlauf des Sauerstoffmassenanteils im Regelbetrieb. Dargestellt sind sowohl der Einsatz der flachheitsbasierten Folgeregelung (FBR) als auch der

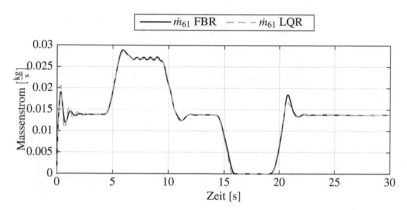

Abbildung 6.2: Simulation: Verlauf der Stellgröße Massenstrom durch NDAGR-Klappe

Optimalregler, die einen ähnlichen Verlauf zeigen. Zu Beginn der Simulation ist eine Abweichung zu erkennen, die dadurch entsteht, dass die Komponenten mit Integrator, wie beispielsweise die beiden Beobachter, zunächst einschwingen. Für den gesamten Zeitabschnitt ist bei beiden Reglervarianten stationäre Genauigkeit gegeben. In den Phasen der Sollwertänderung treten durch die Verzögerungen der Klappenstellungen und des Sauerstoffmassenanteils kleine Abweichungen auf. Diese sind beim Sprung auf 0.2315, also dem Wert von Frischluft am größten. Dies liegt hauptsächlich an der beobachteten Störgröße Frischluftmassenstrom. Die Beobachtbarkeit ist, wie in Abschnitt 5.3.4 beschrieben, nicht gegeben, wodurch die Störkompensation hier zu leichten Abweichungen führt. Dadurch ist auch das leichte Unterschwingen beim anschließenden Sprung auf 0.20 zu erklären. Unterschiede in den beiden Reglern sind im Verlauf der jeweiligen absoluten Regelfehler $e_\xi = \xi_{O2,21,d} - \xi_{O2,21}$ auszumachen. Beide Regler sind dabei so parametriert, dass das beste Folgeverhalten erzielt wird, ohne dabei Oszillationen zu erzeugen. Der Optimalregler weist dabei einen geringeren absoluten Fehler auf als die flachheitsbasierte Folgeregelung. Zusätzlich treten bei der flachheitsbasierten Folgeregelung leichte Schwankungen im Bereich zwischen 7s und 9s auf, die beim Optimalregler deutlich geringer sind. Ein Vergleich zwischen den beiden Reglergesetzen aus Tabelle 5.1 zeigt den Grund für diese Verläufe auf: Während die Zustandsrückführung bei der flachheitsbasierten Folgeregelung nichtlinear vom Zustand $\xi_{O2,21}$ sowie verschiedener, zeitlich veränderlicher Parameter abhängig ist, ist die Verstärkung des Optimalreglers eine Konstante. Einflüsse gemessener Signale, wenn auch in der Simulation bekannt, haben hier also keinen direkten Einfluss.

Die Abbildung 6.2 zeigt den Stellgrößenverlauf des Massenstroms $\dot{m}_{61}$ durch die NDAGR-Klappe für beide Regler. Das Einschwingverhalten ist auch hier am Anfang der Simulation deutlich zu erkennen. Außerdem ist auch hier zu sehen, dass die Stellgrößenverläufe der flachheitsbasierten Folgeregelung und des Optimalreglers sehr ähnlich sind.

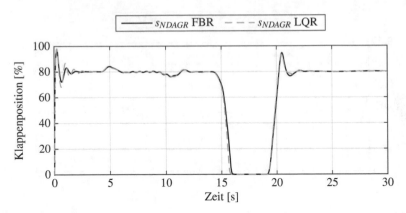

Abbildung 6.3: Simulation: Verlauf der Position der NDAGR-Klappe

Der berechnete Massenstrom durch die NDAGR-Klappe als Stellgröße wird über die Drosselgleichung unter Berücksichtigung der Druckverhältnisse in eine Klappenposition s_{NDAGR} umgerechnet. Diese wird dann in einem unterlagerten Regelkreis eingestellt. Der Verlauf der Klappenposition ist in Abbildung 6.3 ebenfalls für beide Regler dargestellt. Dabei fällt auf, dass sich die Klappe bis auf den Zeitbereich zwischen 15 und 20 s um den Wert von 80 % Öffnung bewegt. Das liegt an der in Abschnitt 5.5 formulierten Bedingung, den Druck vor der NDAGR-Klappe möglichst gering zu halten, um zusätzlichen Abgasgegendruck zu vermeiden. Der Druck wird über den zweiten Regelkreis demnach nur dann erhöht, wenn die NDAGR-Klappe eine applizierte Grenze s'_{NDAGR} erreicht. Diese Grenze ist für die durchgeführte Simulation auf 80 % eingestellt. Das bedeutet, dass die Anforderung an einen stationären Sauerstoffmassenanteil in diesen Simulationsabschnitten nicht ausschließlich durch die NDAGR-Klappe eingestellt werden kann. Es ist zusätzlich eine Druckerhöhung vor der Klappe und damit ein Einsatz der Abgasklappe nötig, um das Regelziel, die Einstellung des Sauerstoffmassenanteils, stationär zu erreichen. Die applizierte Grenze für die NDAGR-Klappe stellt sich somit immer in einem stationären Zustand ein. Bei einer dynamischen Änderung des Sauerstoffmassenanteils gilt diese Grenze nicht, wie im Zeitbereich von etwa 20 s zu sehen, um das Regelziel schnell zu erreichen. Der Abstand der applizierten Grenze zur physikalischen Grenze von 100 % ist somit die Reglerreserve der NDAGR-Klappe. Würde diese Grenze auf die physikalische Sättigung von 100 % gesetzt werden, was einer Auslenkung der Klappe in den Anschlag bedeutet, könte der Abgasgegendruck weiter gesenkt werden. Die Reglerreserve der NDAGR-Klappe geht dadurch jedoch verloren. Alle dynamischen Änderungen in diesem Bereich müssten allein durch den Druckregelkreis realisiert werden. Mit der Einstellung der Grenze wird demnach entschieden, welche Bedingung stärker wiegt: Eine dynamische Einstellung des Sauerstoffmassenanteils oder ein geringer Abgasgegendruck.

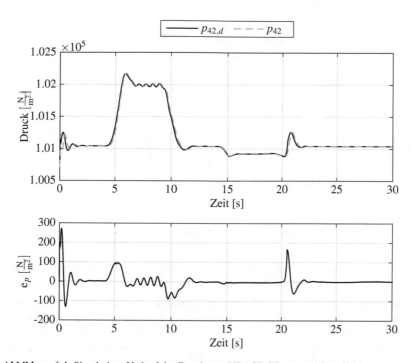

Abbildung 6.4: Simulation: Verlauf des Drucks vor NDAGR-Klappe und Regelfehler

Für den Zeitabschnitt zwischen 15 und 20 s geht der Sollwert des Sauerstoffmassenanteils auf 0.2315, dem Wert von Frischluft. Die NDAGR-Klappe schließt hier vollständig, da kein Abgas über die NDAGR-Strecke geführt werden muss.

6.1.2 Druckregelung

Für die Regelung des Drucks vor der NDAGR-Klappe ist eine flachheitsbasierte Folgeregelung, wie in Abschnitt 5.4.1 beschrieben, umgesetzt. Wie in Abschnitt 5.5 beschrieben, wird der Sollwert des Drucks $p_{42,d}$ aus der inversen Drosselgleichung (5.76) berechnet. Hier gehen neben dem messbaren Druck p_{12} nach der Klappe sowohl die Stellgröße des ersten Teilsystems $\dot{m}_{61,d}$ als auch die Position s'_{NDAGR} der NDAGR-Klappe im stationären Zustand ein. Für die simulierte Sauerstoffregelung ergibt sich der in Abbildung 6.4 gezeigte Sollwertverlauf für den Druck. Die Abbildung zeigt weiterhin den geregelten Druck p_{42} und den absoluten Regelfehler $e_p = p_{42,d} - p_{42}$. Es ist zu sehen, dass eine Erhöhung des Drucks hauptsächlich in dem Bereich benötigt wird, in dem ein niedriger Sauerstoffmassenanteil gefordert ist. Um diesen zu erreichen, muss mehr Abgas über die NDAGR-Klappe geführt

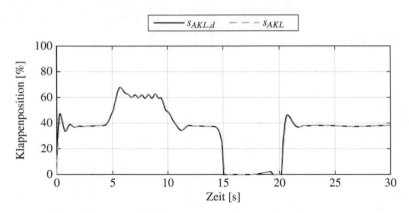

Abbildung 6.5: Simulation: Verlauf der Position der Abgasklappe

werden und somit der Druck erhöht werden, weil die NDAGR-Klappe bereits an der applizierten stationären Grenze von 80 % liegt.

Weiterhin wird der Solldruck in dem Bereich minimal, in dem keine Abgasrückführung gewünscht wird ($\xi_{21,d}$ = 0.2315). Hier entspricht $p_{42,d}$ dem Umgebungsdruck, der in der Simulation mit p_{Umg} = 1009 mbar festgelegt ist. Der Sollwertverlauf ist somit plausibel. Die in Abschnitt 5.5 formulierte Nebenbedingung, den Abgasgegendruck möglichst gering zu halten, ist hiermit erfüllt.

Der Druck p_{42} wird in der Simulation nach der bereits beschriebenen Einschwingphase sehr gut eingeregelt. Der Regelfehler ist minimal und weist auch hier bei etwa 20 s den höchsten Betrag auf.

Der Verlauf der Stellposition der Abgasklappe s_{AKL} ist als Sollwert wie auch als Istwert in Abbildung 6.5 dargestellt. Dieser Regelkreis ist auf dem Motorsteuergerät bereits implementiert und stellt hier, wie in Abschnitt 4.3 beschrieben, einen internen Regelkreis dar. Dieser wird in der Simulation durch ein Verzögerungsglied erster Ordnung aus (4.36) mit einer identifizierten Zeitkonstanten T_{AKL} = 0.1047 aus Tabelle 4.4 abgebildet. In der Abbildung ist zu erkennen, dass die Abgasklappe zur Realisierung des gewünschten Drucks bedient werden muss. Nur im Bereich zwischen 15 und 20 s wird keine Druckerhöhung benötigt, wodurch die Abgasklappe vollständig öffnet. Dies entspricht einer Klappenposition von 0 %.

6.1.3 Störbeobachter

Im Folgenden werden die Simulationsergebnisse für den vollständigen Störbeobachter für den Frischluftmassenstrom $\dot{m}_{11}$ sowie für den reduzierten Störbeobachter für den Abgasmassenstrom $\dot{m}_{41}$ gezeigt. Die Abbildung 6.6 zeigt den Verlauf verschiedener Massenströ-

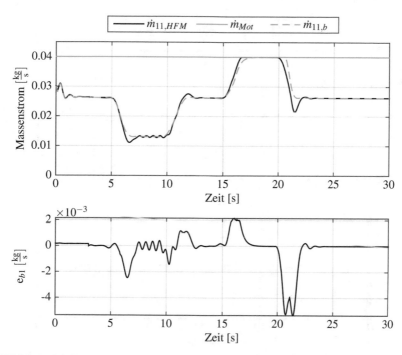

Abbildung 6.6: Simulation: Verlauf des beobachteten Frischluftmassenstroms und Beobachterfehler

me. Zu sehen ist der Gesamtmassenstrom $\dot{m}_{Mot}$, der für die Simulation auf einen konstanten Wert von 0.04 $\frac{kg}{s}$ gesetzt ist. Der Frischluftmassenstrom $\dot{m}_{11,HFM}$, der am realen Motor mit einem Luftmassensensor gemessen werden kann, soll in der Simulation als Subtraktion des NDAGR-Massenstroms vom Gesamtmassenstrom $\dot{m}_{11,HFM} = \dot{m}_{Mot} - \dot{m}_{61}$ nachgebildet werden. Zusätzlich ist der Frischluftmassenstrom $\dot{m}_{11,b}$ dargestellt, der durch den vollständigen Störbeobachter aus Abschnitt 5.3.4 geschätzt wird. In die Regelung geht der beobachtete Massenstrom ein. Es ist zu erkennen, dass der Frischluftmassenstrom, der in das Simulationsmodell der Strecke eingeht, sehr gut durch den Beobachter geschätzt wird. Dies ist auch im Beobachterfehler e_{b1} zu sehen. Die größten Abweichungen treten wie beim Regelfehler nach der Änderung von 0.2315 auf 0.2 Sauerstoffmassenanteil auf. Die Erklärung dessen liegt in der Umsetzung des Beobachters während der Phase, in der Frischluft gefordert ist (15 bis 20 s). In dieser Phase ist die Beobachtbarkeit systembedingt nicht gegeben, wie in Abschnitt 5.3.4 erläutert ist. Als Lösung dieses Problems wird der Integrator des Beobachters mit dem Gesamtmassenstrom $\dot{m}_{Mot}$ initialisiert, solange die NDAGR-Klappe geschlossen ist. Um den Bereich der fehlenden Beobachtbarkeit sicher zu umgehen, wird die Initialisierung sogar schon kurz vor der Schließung umgesetzt bzw. kurz nach der Öffnung wieder

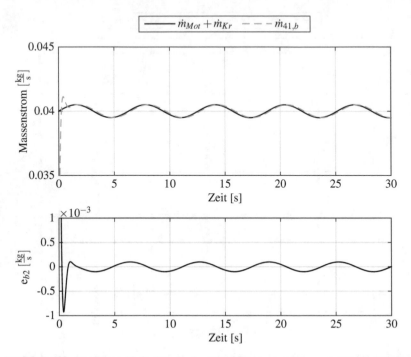

Abbildung 6.7: Simulation: Verlauf des beobachteten Abgasmassenstroms und Beobachterfehler

freigegeben. So kommt es zur Entstehung des Beobachterfehlers bei etwa 20 s, der dann auch in einem Regelfehler im Sauerstoffmassenanteil resultiert. Die Abweichungen sind jedoch gering und vor dem Hintergrund einer robusten Regelung in Kauf zu nehmen.

Die Abbildung 6.7 zeigt einen für die Simulation synthetisch erzeugten Verlauf für den Abgasmassenstrom als Summe aus Gesamtmassenstrom $\dot{m}_{Mot}$ und Kraftstoffmenge $\dot{m}_{Kr}$. Diese in der Simulation als konstant angenommene Größe ist zusätzlich mit einer Sinusschwingung überlagert, um eine Störanregung des Prozesses nachzubilden. Weiterhin zeigt die Abbildung den Verlauf des durch den reduzierten Störbeobachter geschätzten Abgasmassenstroms $\dot{m}_{41,b}$, sowie den Beobachterfehler $e_{b2} = \dot{m}_{Mot} + \dot{m}_{Kr} - \dot{m}_{41,b}$. Die Schätzung der synthetischen Störanregung durch den Beobachter funktioniert sehr gut und der Beobachterfehler ist gering.

Die Simulationsergebnisse zeigen, dass das aufgestellte Konzept für die Regelung des Sauerstoffmassenanteils prinzipiell funktioniert. Die flachheitsbasierte Folgeregelung sowie der Optimalregler können für die Regelung des vorliegenden Systems mit einer ansprechenden Güte verwendet werden. In der Simulation zeigt der Optimalregler dabei ein leicht besseres Regelverhalten. Aus diesem Grund soll der Optimalregler auch am realen Motor untersucht werden. Die Regelung des Drucks vor der NDAGR-Klappe mit einer flachheitsbasierten Folgeregelung arbeitet ebenfalls bestimmungsgemäß. Die Nebenbedingung eines geringen Abgasgegendrucks kann durch die vorgestellte Kopplung der beiden Teilsysteme realisiert werden, wie die Simulation zeigt. Zusätzlich kann die erreichbare Güte der Regelungen durch die Verwendung der Störbeobachter erhöht werden, da auch diese wie gewünscht arbeiten. Die vorgestellten Regler können somit für das reale System auf einem Entwicklungssteuergerät umgesetzt werden und am Motorenprüfstand getestet sowie bewertet werden.

6.2 Experimentelle Ergebnisse

Nachdem die vorgestellten Funktionen in einer Simulationsumgebung bewertet wurden, sollen im Folgenden Ergebnisse gezeigt werden, die an einem Motorenprüfstand ermittelt wurden. Dazu wurde die Regelung auf einem Rapid-Prototyping-Modul implementiert, welches mit dem Motorsteuergerät gemäß Abbildung 2.8 kommuniziert. Als Versuchsträger wurde der in Tabelle 2.1 beschriebene Motor eingesetzt. Für alle Versuche wurde ein konstanter Motorbetriebspunkt eingestellt. Der einzige Parameter, der variiert wurde, ist der gewünschte Sauerstoffmassenanteil. Der in der Simulation gegenüber der flachheitsbasierten Folgeregelung bzw. der Zustandsregelung als besser bewertete Optimalregler wird am realen Motor zur Regelung des Sauerstoffmassenanteils verwendet. Somit können die experimentellen Ergebnisse mit den Simulationsergebnissen verglichen werden. Dabei sind Abweichungen zu erwarten, da viele Größen wie Drücke, Temperaturen und Sauerstoffmassenanteil über Sensoren erfasst werden. Messtechnische Fehler gehen somit in die Regelung ein und können diese beeinflussen. Zusätzlich sind Größen, die in der Simulation über die gesamte Rechenzeit vereinfachend als konstant angenommen wurden, wie beispielsweise der Sauerstoffmassenanteil im Abgas $\xi_{O2,42}$, im realen Motorbetrieb nicht konstant bei einer Änderung des Sauerstoffmassenanteils vor dem Motor.

6.2.1 Regelung des Sauerstoffmassenanteils

Zur besseren Vergleichbarkeit wird für den Sauerstoffmassenanteil im Mischbehälter der gleiche Sollwertverlauf vorgegeben wie in der Simulation. Der Anfangswert entspricht demnach $\xi_{O2,21,d} = 0.20$. Anschließend werden nacheinander die Werte 0.17, 0.20, 0.2315 sowie 0.20 entlang einer Trajektorie angefahren. Der Sollwertverlauf $\xi_{O2,21,d}$ sowie der durch den Optimalregler eingestellte Sauerstoffmassenanteil $\xi_{O2,21}$ sind in der Abbildung 6.8 dargestellt. Der absolute Fehler e_ξ ist ebenfalls dargestellt. Der Sauerstoffmassenanteil zeigt generell ein sehr gutes Folgeverhalten. Es ist zu sehen, dass auch am realen Motor stationäre Genauigkeit für die einzelnen Stufen gegeben ist. Eine Ausnahme bildet dabei der Wert von Frischluft $\xi_{O2,21,d} = 0.2315$. Der Grund liegt in der Umsetzung des Störbeobachters, der den Frischluftmassenstrom schätzt, wie in Abschnitt 6.2.3 beschrieben. Weiterhin zeigt die Abbildung, dass der Regler einer Änderung des Sollwertes schnell folgt. Dabei tritt jeweils ein leichtes Überschwingen auf. Dies liegt an der Vernachlässigung der Verzögerungszeit zwischen der Stellung der NDAGR-Klappe und dem Sauerstoffsensor aufgrund der Länge

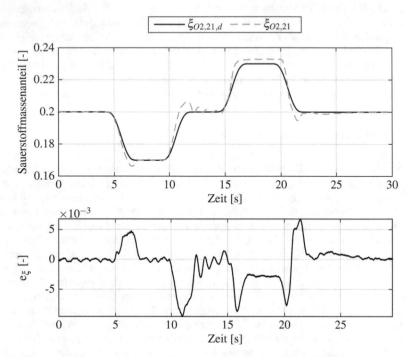

Abbildung 6.8: Motorprüfstand: Verlauf des Sauerstoffmassenanteils und Regelfehler

der Ansaugstrecke. Eine Berücksichtigung dieses Parameters im Regelungsentwurf, der von der Motordrehzahl bzw. der Gasgeschwindigkeit abhängig ist, kann hier eine weitere Verbesserung bewirken. Eine Betrachtung des absoluten Fehlers zeigt die größten Ausschläge in transienten Übergängen und minimale Abweichungen während der stationären Phasen. Die Abbildung 6.9 zeigt die Stellgröße Massenstrom $\dot{m}_{61}$ durch die NDAGR-Klappe. Da dieser durch den unterlagerten Regelkreis über die Position der NDAGR-Klappe (Abbildung 6.10) eingestellt wird, sind sowohl der Soll- als auch der über die Drosselgleichung modellierte Istwertverlauf dargestellt. Es fällt auf, dass der unterlagerte Regelkreis die gewünschte Position schnell und mit einer hohen Genauigkeit einstellt, wodurch auch der Massenstrom durch die NDAGR-Klappe schnell und genau eingestellt wird. Weiterhin zeigt die Abbildung 6.10, dass die Klappenposition nur vereinzelt die physikalische Stellgrößenbeschränkung von 100 % erreicht. Dafür verantwortlich ist die Einführung der applizierbaren Grenze für die NDAGR-Klappe, deren Überschreitung zu einer Erhöhung des Drucks vor der NDAGR-Klappe führt und damit das Einsetzen des Druckreglers bedingt. Diese Grenze ist hier, wie auch in der Simulation zuvor, auf 80 % gesetzt. Die Abbildung zeigt weiterhin, dass diese 80 % selbst in den stationären Phasen nicht immer eingehalten werden können und die Klappe zum Teil große Bewegungen durchführt. Die Begründung dafür liegt in der

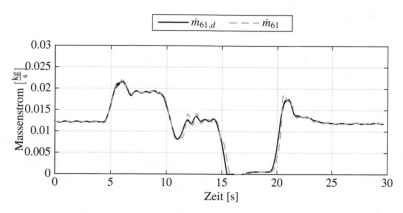

Abbildung 6.9: Motorprüfstand: Verlauf der Stellgröße Massenstrom durch NDAGR-Klappe

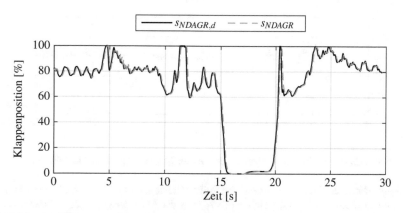

Abbildung 6.10: Motorprüfstand: Verlauf der Position der NDAGR-Klappe

geringen Änderung der effektiven Öffnungsfläche der Klappe für große Öffnungen. Dies zeigt auch die Abbildung 6.9. Während sich die Klappe um 80 % Öffnung hin und her bewegt, ist der Massenstrom durch die Klappe nahezu konstant. Die effektive Öffnungsfläche ändert sich dementsprechend auch nur gering. Konstruktive Änderungen der Klappe oder auch die Anpassung der Regelparameter zu Ungunsten der Regeldynamik können hier große Bewegungen der Klappe reduzieren. Der Massenstrom $\dot{m}_{61}$ durch die NDAGR-Klappe wird jedoch auch so sehr gut eingestellt. Im Vergleich zur Simulation zeigen $\dot{m}_{61}$ sowie s_{NDAGR} ein ähnliches Verhalten.

6.2.2 Druckregelung

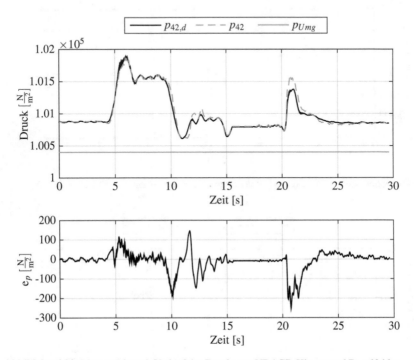

Abbildung 6.11: Motorprüfstand: Verlauf des Drucks vor NDAGR-Klappe und Regelfehler

Der Sollwert für den Druck $p_{42,d}$ vor der NDAGR-Klappe ergibt sich, wie auch in der Simulation, über die inverse Drosselgleichung (5.76) aus der Anforderung an den Massenstrom durch die NDAGR-Klappe und der applizierten oberen Grenze für die NDAGR-Klappe. Der Sollwertverlauf für den Druck, der über die flachheitsbasierte Folgeregelung eingestellte Druck p_{42} sowie der absolute Fehler der beiden Größen e_p sind in der Abbildung 6.11 dargestellt. Hier ist ein ähnlicher Verlauf wie in der Simulation zu sehen. Der Druck wird erhöht, wenn ein geringer Sauerstoffmassenanteil bzw. ein erhöhter Massenstrom durch die NDAGR-Klappe gefordert ist, die NDAGR-Klappe selbst aber bereits die applizierte Grenze überschritten hat. Steigt der Sauerstoffmassenanteil, sinkt auch der Druck wieder. Der Druck bleibt hier stets höher als der Umgebungsdruck p_{Umg} von 1004 mbar am Tag dieser Messung, wodurch eine Strömung durch die Abgasklappe gewährleistet ist. Die flachheitsbasierte Folgeregelung des Drucks zeigt auch am Prüfstand ein sehr gutes Verhalten. Stationäre Genauigkeit ist gegeben und auch bei transienten Druckänderungen ist der Fehler minimal.

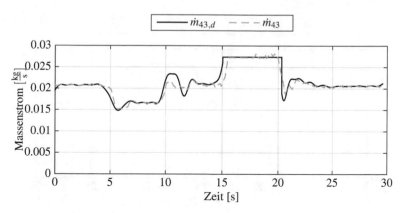

Abbildung 6.12: Motorprüfstand: Verlauf der Stellgröße Massenstrom durch Abgasklappe

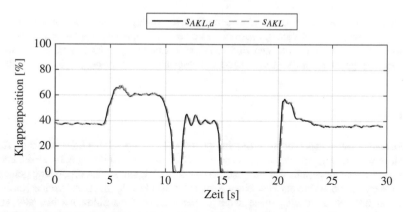

Abbildung 6.13: Motorprüfstand: Verlauf der Position der Abgasklappe

Der Massenstrom $\dot{m}_{43}$ durch die Abgasklappe als Stellgröße des Druckregelkreises ist in Abbildung 6.12 als Soll- und Istwertverlauf dargestellt. Hier ist zu sehen, dass im Zuge der geforderten Druckerhöhung der Massenstrom durch die Abgasklappe verringert bzw. die Klappenposition erhöht werden muss. Wie bereits beschrieben, bedeutet 0 % Abgasklappen-position vollständige Öffnung, wohingegen 0 % NDAGR-Klappenposition eine vollständige Schließung bedeutet. Die Position der Abgasklappe, zu sehen in Abbildung 6.13, wird eben-falls über einen unterlagerten Regelkreis eingestellt, der hier ein sehr gutes Folgeverhalten aufweist. Bei einer Erhöhung des Sauerstoffmassenanteils (etwa bei 10 s) sinkt der Druck wieder, was zu einer Schließung der Abgasklappe von 0 % im Transienten führt. Auch in der Phase, in der Frischluft gefordert ist, also zwischen 15 und 20 s, gibt es keine Anforderung

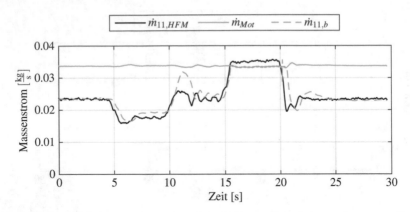

Abbildung 6.14: Motorprüfstand: Verlauf des beobachteten Frischluftmassenstroms

an einen NDAGR-Massenstrom bzw. an eine Druckerhöhung. Folgerichtig ist die Abgasklappe in dieser Phase vollständig geöffnet, um einen unnötig hohen Abgasgegendruck für
den Motor zu vermeiden. Start- und Endwert der Messung $s_{AKL} \approx 38$ % sind gleich, was
aufgrund des gleichen geforderten Sauerstoffmassenanteils von $\xi_{O2,21,d} = 0.20$ plausibel
ist.

6.2.3 Störbeobachter

Im Folgenden sollen experimentelle Ergebnisse der beiden eingesetzten Störbeobachter für
die Massenströme $\dot{m}_{11}$ und $\dot{m}_{41}$ gezeigt werden. Dazu sind in Abbildung 6.14 verschiedene Massenströme dargestellt, die während der vorher gezeigten Sauerstoffregelung gemessen wurden. Zu sehen sind der über einen Sensor erfasste Frischluftmassenstrom $\dot{m}_{11,HFM}$,
der Gesamtmassenstrom $\dot{m}_{Mot}$ sowie der über den vollständigen Störbeobachter aus Abschnitt 5.3.4 geschätzte Frischluftmassenstrom $\dot{m}_{11,b}$, der in die Regelung über eine Störkompensation mit eingeht. Die Messung zeigt, dass der Beobachter einen sehr ähnlichen
Verlauf aufweist wie der direkt gemessene Frischluftmassenstrom. Dabei ist zu beachten,
dass der Beobachter alle Störungen schätzt. Dazu gehören neben dem Frischluftmassenstrom auch Modellunsicherheiten sowie Messfehler anderer Sensoren, die in den Beobachter eingehen. Abweichungen sind sowohl beim Übergang des gewünschten Sauerstoffmassenanteils von 0.17 auf 0.20 bei 10 s sowie in der Phase zwischen 15 und 20 s, in der
Frischluft gefordert ist, zu erkennen. In dieser Phase ist die Beobachtbarkeit nicht gegeben,
weshalb, wie in Abschnitt 5.3.4 beschrieben, hier eine Reinitialisierung des Beobachters
mit dem Gesamtmassenstrom $\dot{m}_{Mot}$ erfolgt. Die stationäre Abweichung in dieser Phase resultiert also aus der Ungenauigkeit des Modells für den Gesamtmassenstrom. Dieser sollte,
auch aufgrund von Blowby-Gasen [56], die direkt vor dem Verdichter eingeleitet werden,
größer als der gemessene Frischluftmassenstrom sein.

Die gute Übereinstimmung von gemessenem Frischluftmassenstrom und dem vom Störbeobachter geschätzten Massenstrom ist ein weiteres Argument für den serienmäßigen Einsatz
des Sauerstoffsensors in der Ansaugstrecke. So können die Kosten für den neuen Sensor
durch den Entfall des Frischluftmassenmessers kompensiert werden. Zusätzlich erhöht sich
die Freiheit in der Konstruktion der Ansaugstrecke, da der Frischluftmassenmesser empfind-
lich auf turbulente Strömung, Schmutz und Wassertröpfchen reagiert [56] und Maßnahmen
zum Schutz ebenfalls entfallen können.

Im Folgenden soll gezeigt werden, wie gut der reduzierte Störbeobachter für den Abgasmassenstrom $\dot{m}_{41}$ aus Abschnitt 5.4.2, der ebenfalls für die Sauerstoffregelung eingesetzt wird,
am realen Motor funktioniert. Sensoren, die den Massenstrom direkt messen, sind unter
den Einsatzbedingungen im schmutzigen Abgas meist unzureichend. Ein Luftmassenmesser zum Beispiel, wie oben verwendet, kann nur in reiner Luft hinreichend genau messen.
Eine direkte Messung des Abgasmassenstroms ist am Motorprüfstand somit nicht möglich.
Um die Ergebnisse des reduzierten Störbeobachters dennoch validieren zu können, soll die
Summe aus gemessenem Eingangsmassenstrom $\dot{m}_{HFM}$ und Kraftstoffmassenstrom $\dot{m}_{Kr}$, gemäß (6.1), als Referenz dienen

$$\dot{m}_{41,ref} = \dot{m}_{HFM} + \dot{m}_{Kr} . \tag{6.1}$$

Mit diesem stationären Ansatz können jedoch keine dynamischen Effekte wie die Verzögerung des Massenstroms durch Speicherung von Luftmasse in den Behältern berücksichtigt
werden. Für eine Bewertung des Störbeobachters soll dieser Ansatz jedoch genügen.

Da für die Sauerstoffregelung ein konstanter Motorbetriebspunkt angefahren wurde, ist der
Abgasmassenstrom während der gesamten Messzeit konstant. Für die Validierung des Störbeobachters soll daher eine andere Messung durchgeführt werden, bei der durch Variation
von Motordrehzahl und -drehmoment der Beobachter stärker angeregt wird. Die serienmä-
ßige AGR-Ratenregelung ist dabei aktiv.

Diese Messung ist in Abbildung 6.15 dargestellt. Hier sind sowohl die Drehzahl als auch das
Drehmoment des Motors über der Zeit dargestellt, die durch die Prüfstandsbedienung vorgegeben wurden. Die untere Darstellung zeigt nun die Verläufe von Referenzmassenstrom
$\dot{m}_{41,ref}$ und dem über den reduzierten Störbeobachter geschätzten Abgasmassenstrom $\dot{m}_{41,b}$.
Die beiden Verläufe zeigen eine sehr gute Übereinstimmung. Kleine Abweichungen entstehen hier durch Messtoleranzen sowie Modellunsicherheiten in beiden Größen.

Die Messungen zeigen, dass sowohl die Sauerstoff- als auch die Druckregelung neben der
Simulation auch sehr gut am realen Motor arbeiten. Stationäre Genauigkeit ist gegeben und
auch in den transienten Übergängen sind die Regelfehler minimal. Die Kopplung der beiden Regelkreise durch die modellbasierte Vorgabe des Solldrucks aus der Anforderung an
den NDAGR-Massenstrom erfüllt sowohl die Bedingung an eine gute Sauerstoffregelung als
auch die Nebenbedingung eines geringen Abgasgegendrucks. Die getroffenen Modellannahmen und -vereinfachungen sind für eine gute Regelung hinreichend. Durch eine Erhöhung
der Modellkomplexität können verbleibende Fehler hier weiter verringert werden.

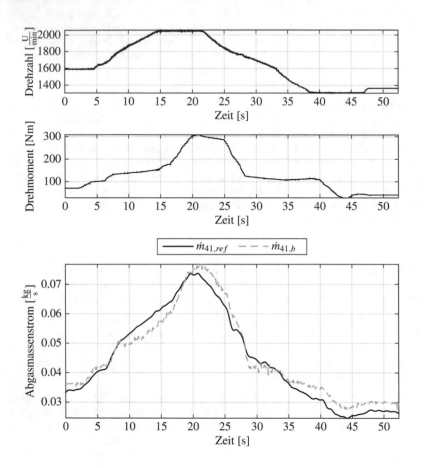

Abbildung 6.15: Motorprüfstand: Verlauf des beobachteten Abgasmassenstroms bei einer Variation von Drehzahl und Drehmoment

Die eingesetzten Störbeobachter zeigen ein sehr gutes Verhalten. Der Beobachter für den Frischluftmassenstrom kann einen realen Sensor ersetzen und damit Kosten sowie Bauraum einsparen. Die Sauerstoffregelung wird durch den Einsatz des Beobachters besser, da neben dem Frischluftmassenstrom auch Modellunsicherheiten erfasst werden. Der reduzierte Störbeobachter für den Abgasmassenstrom liefert einen nicht direkt messbaren Wert, der für die Regelung des Drucks vor der NDAGR-Klappe benötigt wird.

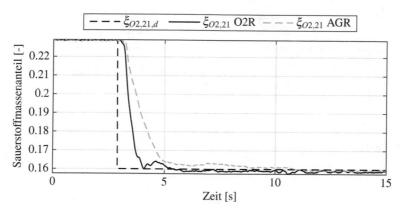

Abbildung 6.16: Vergleich AGR-Ratenregelung zu Sauerstoffregelung: Sauerstoffmassenanteil

Die Regelung zeigt somit das gewünschte Verhalten. Im Folgenden sollen weitere Potenziale aufgezeigt werden, die sich durch den Einsatz der Sauerstoffregelung ergeben.

6.3 Potenzialbewertung

Nachdem die generelle Funktionsweise der Sauerstoffregelung und deren Güte in der Simulation sowie am realen Motor nachgewiesen und bewertet wurden, soll in diesem Abschnitt ein Vergleich der Sauerstoffregelung mit der AGR-Ratenregelung aus Abschnitt 2.2.3 angestellt werden. Wie bereits in Abschnitt 2.2.4 beschrieben, soll mit Hilfe der AGR-Rate als Quotient des Abgasrückführmassenstroms zum Gesamtmassenstrom die Sauerstoffkonzentration im Zylinder des Motors eingestellt werden. Da die AGR-Rate jedoch keine Information über den Restsauerstoff im Abgas enthält, der beim dieselmotorischen Arbeitsprozess stets vorhanden ist, stellt die AGR-Rate nur eine indirekte Beziehung zur Sauerstoffkonzentration dar (Vergleich Abbildung 2.7). Durch eine direkte Regelung des Sauerstoffmassenanteils ist eine größere Genauigkeit sowie höhere Dynamik zu erwarten. Um dies zu überprüfen, werden Messungen durchgeführt, die beide Regelungen am Beispiel einer Sprungvorgabe gegenüberstellen. Hierzu wird eine Messung mit aktiver Sauerstoffregelung vorgenommen, bei der von frischer Luft ($\xi_{O2} = 0.2315$) auf einen Sauerstoffmassenanteil von 0.16 gesprungen wird. In einer zweiten Messung ist die AGR-Ratenregelung aktiv, in der von Frischluft ($r_{AGR} = 0~\%$) sprunghaft auf eine AGR-Rate übergegangen wird, die einem Sauerstoffmassenanteil von 0.16 entspricht, damit beide Messungen vergleichbar sind. Der Motorbetriebspunkt ist für beide Messungen gleich und konstant über der Messzeit. Die Abbildung 6.16 zeigt das Verhalten des Sauerstoffmassenanteils über der Zeit, gemessen mit dem Sensor in der Ansaugstrecke. Hier werden sowohl der Sollwert, der für beide Messungen zum gleichen Zeitpunkt bei etwa 3 s erfolgt, als auch die sich aus den jeweiligen Re-

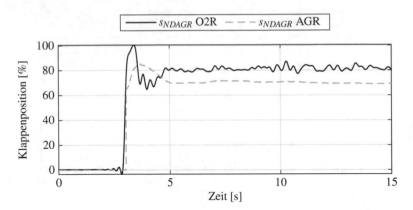

Abbildung 6.17: Vergleich AGR-Ratenregelung zu Sauerstoffregelung: Position der NDAGR-
    Klappe

gelungen ergebenden Istwertverläufe dargestellt. Die Totzeit zwischen Beginn der Sprung-
vorgabe und der Änderung im Sauerstoffmassenanteil ist in der Länge der Strecke zwischen
NDAGR-Klappe und Sauerstoffsensor begründet und für beide Messungen gleich. In beiden
Messungen erreicht der Sauerstoffmassenanteil den gewünschten Wert innerhalb der Mess-
zeit ohne ein Überschwingen. Die Sauerstoffregelung (O2R) zeigt jedoch ein schnelleres
Übergangsverhalten des Sauerstoffmassenanteils als die AGR-Ratenregelung (AGR).

Die Abbildung 6.17 zeigt, warum der Sauerstoffmassenanteil schneller eingestellt wird. Zu
sehen ist der Verlauf der Position der NDAGR-Klappe für beide Regelungen. Die Sauerstoffregelung nutzt den gesamten Stellbereich, um möglichst schnell viel Abgas über die
NDAGR-Klappe zu führen. Die Information über den Restsauerstoffgehalt im Abgas geht
dabei durch die Messung mittels einer Abgaslambdasonde mit in die Regelung ein. Die
AGR-Ratenregelung verstellt die NDAGR-Klappe mit der gleichen Anfangsdynamik, nutzt
jedoch nicht den gesamten Stellbereich, um ein Überschwingen der AGR-Rate zu vermeiden. Weiterhin zeigt die AGR-Ratenregelung einen glatteren Verlauf nach dem Sprung. Hier
bietet eine feinere Applikation der Sauerstoffregelung hinsichtlich eines Serieneinsatzes
weiteres Potenzial zur Verbesserung.

Auffällig ist auch die unterschiedliche stationäre Stellung der NDAGR-Klappe, die sich
nach dem Sprung einstellt. Während die Sauerstoffregelung auf den applizierten Wert von
80 % geht, stellt die AGR-Ratenregelung die NDAGR-Klappe auf etwa 70 % ein. Die Position der NDAGR-Klappe ist abhängig von dem Druck vor der NDAGR-Klappe, der über die
Abgasklappe eingestellt wird. Während die Sauerstoffregelung den Solldruck modellbasiert
über die Drosselgleichung berechnet und dann über die flachheitsbasierte Folgeregelung einstellt, wird bei der AGR-Ratenregelung der Solldruck aus einem betriebspunktabhängigen
Kennfeld gelesen und über die Abgasklappe eingeregelt. Der Verlauf des Drucks ist für beide Messungen in Abbildung 6.18 dargestellt, wobei hier auf die Darstellung des jeweiligen

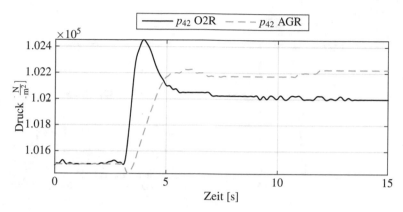

Abbildung 6.18: Vergleich AGR-Ratenregelung zu Sauerstoffregelung: Druck vor NDAGR-Klappe

Solldrucks verzichtet wird. Auch hier zeigt die Sauerstoffregelung eine höhere Dynamik als die AGR-Ratenregelung. Der Druck wird zunächst angehoben. Dadurch strömt viel Abgas mit hohem Restsauerstoffgehalt durch die NDAGR-Klappe. In der Folge verringert sich der Sauerstoffgehalt in der Ansaugluft und damit auch der Restsauerstoffgehalt im Abgas nach der folgenden Verbrennung. Folglich sinkt der Druck, damit weniger Abgas mit geringem Restsauerstoffmassenanteil durch die NDAGR-Klappe strömt. Bei der AGR-Ratenregelung ändert sich der Druck entlang einer Rampe auf ein anderes Niveau. Somit wird auch der Massenstrom durch die NDAGR-Klappe entlang der Rampe erhöht. Eine Berücksichtigung des Restsauerstoffgehalts findet hierbei nicht statt.

Aufgrund der größeren Öffnung der NDAGR-Klappe in der stationären Phase, sind der benötigte Druck vor der Klappe und damit der Abgasgegendruck für den Motor geringer als bei der AGR-Ratenregelung. Dadurch wird der Kraftstoffverbrauch reduziert. Die Stellung der NDAGR-Klappe bei stationärem Sauerstoffmassenanteil bzw. stationärer AGR-Rate ist jedoch nicht vom Regler abhängig, sondern von der Applikation der Regelung bzw. der Sollwerte. Somit können beide Regelvarianten weiter optimiert werden.

Die Stellung der Abgasklappe ist für die Messungen in Abbildung 6.19 aufgezeigt. Die Abgasklappe wird bei der Sauerstoffregelung stark angestellt, um den Druck vor der Klappe möglichst schnell zu erhöhen. Dabei wird der gesamte Stellbereich von 0 bis 100 % Schließung ausgenutzt. Anschließend stellt sich eine annähernd konstante Klappenposition von etwa 60 % ein. Bei der AGR-Ratenregelung wird die Abgasklappe mit einer geringeren Dynamik verstellt. Hierbei stellt sich ebenfalls ein konstanter Wert von etwa 60 % ein.

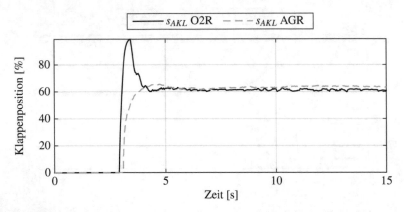

Abbildung 6.19: Vergleich AGR-Ratenregelung zu Sauerstoffregelung: Abgasklappenposition

7 Zusammenfassung und Ausblick

Moderne Dieselaggregate zeichnen sich bereits heute durch einen geringen Verbrauch bei gleichzeitig sehr guter Drehmoment- und Leistungsentfaltung aus. Um den Anforderungen zukünftiger Abgasgesetzgebungen weiterhin gerecht zu werden, bedarf es weiterer Entwicklung. Ein großes Potenzial bietet dabei der Einsatz moderner Steuerung- und Regelungsalgorithmen, die die Dynamik einzelner Komponenten des Motors berücksichtigen und optimal ausnutzen. So können im stationären und vor allem im instationären Motorbetrieb Schadstoffemissionen sowie der Verbrauch weiter gesenkt werden.

Der in dieser Arbeit verfolgte Ansatz betrachtet eine Änderung der Führungsgröße zur Beschreibung der zurückgeführten Abgasmenge. Da die AGR-Rate keine Information über den Restsauerstoffgehalt im Abgas enthält, ist der Sauerstoffmassenanteil als zentrale Führungsgröße neben der Zylinderfüllung betrachtet. Dieser steht in direkter Beziehung zur Stickoxidemission und bietet damit vor allem im transienten Motorbetrieb Vorteile gegenüber der AGR-Rate. Für die Untersuchungen kommt ein moderner 4-Zylinder Dieselmotor mit Turboaufladung zum Einsatz. Für die Abgasrückführung ist die Kombination aus einer Niederdruckstrecke und einer internen Abgasrückführung durch das Vorlagern von Abgas während des Ausstoßtaktes des 4-Takt-Motors über ein Öffnen des Einlassventils betrachtet. Zusätzlich ist ein Sauerstoffsensor in die Ansaugstrecke des Motors integriert. Das Signal des Sensors bildet die Grundlage der meisten Untersuchungen in dieser Arbeit. Deshalb widmet sich ein Teil der Arbeit der Signalaufbereitung in den durch Temperatur- und Druckschwankungen schwierigen Bedingungen der Ansaugstrecke. Das Resultat ist eine Kompensation der Druckabhängigkeit für stationäre und transiente Drücke in der Sensorumgebung, die durch Prüfstandsversuche unter realen Bedingungen mit einem Motor validiert ist.

Auf der Basis des druckkompensierten Sauerstoffmassenanteils in der Ansaugstrecke ist ein Mittelwertmodell zur Beschreibung des Sauerstoffmassenanteils im Zylinder vor der Verbrennung gezeigt. Hierbei werden aufgrund der harten Messbedingungen im Zylinder Informationen von Seriensensoren vor und nach dem Motor genutzt. Neben der Restgasmenge im Zylinder beim Betrieb ohne interne AGR kann die Summe aus Restgas und interner AGR mit ausreichender Genauigkeit modelliert werden. Dies zeigen Prüfstandsversuche, die mit Messungen an einem Serienmotor mit Hochdruck-Abgasrückführung vergleichend gegenüber gestellt werden. Somit ist der gezeigte Ansatz auch als alternative Modellierung der Hochdruck-Abgasrückführrate zu bewerten.

Ein großer Teil der Arbeit behandelt die Regelung des Sauerstoffmassenanteils in der Ansaugstrecke über die Niederdruck-Abgasrückführung. Hierzu ist ein regelungsorientiertes Mehrgrößenmodell aufgestellt, welches in der Folge durch Modellannahmen und einer Entkopplung der Führungsgrößen auf zwei SISO-Systeme aufgeteilt ist. So wird in einem System der Sauerstoffmassenanteil durch modellbasierte, nichtlineare Regler über die NDAGR-Klappe eingestellt. Hierbei werden eine flachheitsbasierte Folgeregelung sowie ein Optimalregler gegenübergestellt. In dem anderen System wird der Druck vor der NDAGR-Klappe

© Springer Fachmedien Wiesbaden GmbH, ein Teil von Springer Nature 2018
D. Schwarz, *Regelung des Dieselmotors*, AutoUni – Schriftenreihe 118,
https://doi.org/10.1007/978-3-658-21841-6_7

durch eine nichtlineare flachheitsbasierte Folgeregelung über die Verstellung der Abgasklappe eingestellt. Beide Größen werden direkt gemessen und zurückgeführt. Die Sollwerte für den Druck werden dabei über eine Drosselgleichung der NDAGR-Klappe modellbasiert ermittelt. Zusätzlich kommen ein vollständiger sowie ein reduzierter Beobachter zur Schätzung auftretender Störungen zum Einsatz. Diese sind aufgrund des nicht messbaren Abgasmassenstroms notwendig. Gleichzeitig wird durch einen Beobachter das Potenzial aufgezeigt, den serienmäßigen Frischluftmassenmesser zu ersetzen. Der Sauerstoffsensor kann damit in einem möglichen Serieneinsatz kostenneutral verbaut werden. Die einzelnen Regler sind in einer Simulationsumgebung in ihrer Funktionsweise bestätigt. Prüfstandsversuche am realen Motor bestätigen sowohl die Simulationsergebnisse als auch die erreichbare Güte.

Abschließend ist ein Vergleich zwischen der Regelung des Sauerstoffmassenanteils und der serienmäßigen Regelung der AGR-Rate angestellt. Es zeigt sich, dass die Berücksichtigung des Restsauerstoffgehalts im Abgas durch die Führungsgröße Sauerstoffmassenanteil im transienten Übergang des Motorbetriebspunkts Vorteile gegenüber der AGR-Rate aufweist. Mit dem Sauerstoffmassenanteil ist eine direkte Beziehung zur Stickoxidbildung hergestellt. Über die Dynamik des Reglers kann somit die Balance aus geringer Stickoxidbildung und Robustheit der Regelung eingestellt werden. Die anfangs formulierte These ist damit anhand von Messungen am realen Motorprüfstand bestätigt.

In der weiteren Entwicklung kann die Regelung um die interne AGR erweitert werden, um den Sauerstoffmassenanteil im Zylinder des Motors einzustellen. Hierbei gilt es, eine geeignete Stellgröße zu finden, die die interne AGR eindeutig beeinflusst. Das vorgestellte Modell zur Ermittlung des Sauerstoffmassenanteil kann hierbei für die Rückführung der Regelgröße Anwendung finden. Zur weitergehenden Erprobung der im Rahmen dieser Arbeit vorgestellten Regelung des Sauerstoffmassenanteils sind Untersuchungen am realen Motor unter erweiterten Bedingungen notwendig. Dazu muss die Güte und Robustheit der Regelung im gesamten Motorkennfeld und für alle Betriebsarten nachgewiesen werden. Zusätzlich sollten die vorgestellten Funktionen im Fahrzeug erprobt werden, um die Einflüsse auf das reale Fahrverhalten bewerten zu können.

Literaturverzeichnis

[1]   ADAMY, J. *Nichtlineare Systeme und Regelungen*. Berlin Heidelberg: Springer Vieweg, 2014.

[2]   ALFIERI, F. »Emissions-controlled diesel engine«. Dissertation. Zürich: Eidgenössische Technische Hochschule ETH Zürich, 2009.

[3]   ARNOLD, J., LANGLOIS, N., CHAFOUK, H. und TREMOULIERE, G. »Control of the air system of a diesel engine: A fuzzy multivariable approach«. In: *Proceedings of IEEE Conference on Computer Aided Control System Design 2006, München, Germany* (2006), S. 2132–2137.

[4]   ASCHEMANN, H. »Nichtlineare Regelungssysteme: Vorlesungsskript«. Rostock: Universität Rostock, 2016.

[5]   ASCHEMANN, H. und HOFER, E. »Flatness based control of a parallel robot actuated by pneumatic muscles«. In: *Proceedings of 16th IFAC World Congress, Prague, Czech Republic* (2005).

[6]   ASCHEMANN, H. und HOFER, E. »Flatness-based trajectory control of a pneumatically driven carriage with uncertainties«. In: *Proceedings of NOLCOS, Stuttgart, Germany* (2004), S. 239–244.

[7]   BECK, A. »Aufbau und Konzeption eines Praktikumsversuches zur Sauerstoffpartialdruckmessung mit der Lambda-Sonde und Ionenleitung in Yttrium stabilisiertem Zirkondioxid«. Hausarbeit. Augsburg: Universität Augsburg, 1998.

[8]   BESSAI, C., STÖLTING, E., GRATZKE, R. und PREDELLI, O. »Regelung des Luftpfads eines Dieselmotors mit zweistufiger Abgasturboaufladung«. In: *Steuerung und Regelung von Fahrzeugen und Motoren, 4. Fachtagung, Baden-Baden, Deutschland* (2008), S. 103–114.

[9]   ÇIMEN, T. »State-Dependent Riccati Equation (SDRE) Control: A Survey«. In: *IFAC Proceedings Volumes 41.2, Seoul, Korea* (2008), S. 3761–3775.

[10] CLEVER, S. »Modellgestützte Fehlererkennung und Diagnose für Common-Rail-Einspritzsysteme«. In: *Elektronisches Management motorischer Fahrzeugantriebe*. Hrsg. von Isermann, R. Wiesbaden: Vieweg+Teubner Verlag, 2010, S. 426–454.

[11] CLOUTIER, J. und COCKBURN, J. »The state-dependent nonlinear regulator with state constraints«. In: *Proceedings of American Control Conference, Arlington, VA, USA*. 2001, S. 390–395.

[12] ERDEM, E. und ALLEYNE, A. »Design of a Class of Nonlinear Controllers via State Dependent Riccati Equations«. In: *IEEE Transactions on Control Systems Technology* 12.1 (2004), S. 133–137.

[13] ETAS GMBH. *ASCET Rapid Prototyping V6.1: Benutzerhandbuch*. Stuttgart, 2011.

© Springer Fachmedien Wiesbaden GmbH, ein Teil von Springer Nature 2018
D. Schwarz, *Regelung des Dieselmotors*, AutoUni – Schriftenreihe 118,
https://doi.org/10.1007/978-3-658-21841-6

[14] ETAS GMBH. *ES910.3-A Rapid Prototyping Modul: Benutzerhandbuch.* Stuttgart, 2009.

[15] ETAS GMBH. *INCA V7.1: Benutzerhandbuch.* Stuttgart, 2013.

[16] EUROPÄISCHES PARLAMENT. *Richtlinie 2002/80/EG der Kommission vom 3. Oktober 2002 zur Anpassung der Richtlinie 70/220/EWG des Rates über Maßnahmen gegen die Verunreinigung der Luft durch Emissionen von Kraftfahrzeugen an den technischen Fortschritt.* 28.10.2002.

[17] EUROPÄISCHES PARLAMENT. *Richtlinie 91/441/EWG des Rates vom 26. Juni 1991 zur Änderung der Richtlinie 70/220/EWG zur Angleichung der Rechtsvorschriften der Mitgliedstaaten über Maßnahmen gegen die Verunreinigung der Luft durch Emissionen von Kraftfahrzeugen.* 30.08.1991.

[18] EUROPÄISCHES PARLAMENT. *Richtlinie 93/59/EWG des Rates vom 28. Juni 1993 zur Änderung der Richtlinie 70/220/EWG zur Angleichung der Rechtsvorschriften der Mitgliedstaaten über Maßnahmen gegen die Verunreinigung der Luft durch Emissionen von Kraftfahrzeugen.* 28.07.1993.

[19] EUROPÄISCHES PARLAMENT. *Richtlinie 94/12/EG des Europäischen Parlaments und des Rates vom 23. März 1994 über Maßnahmen gegen die Verunreinigungen der Luft durch Emissionen von Kraftfahrzeugen und zur Änderung der Richtlinie 70/220/EWG.* 19.04.1994.

[20] EUROPÄISCHES PARLAMENT. *Richtlinie 96/69/EG des Europäischen Parlaments und des Rates vom 8. Oktober 1996 zur Änderung der Richtlinie 70/220/EWG zur Angleichung der Rechtsvorschriften der Mitgliedstaaten über Maßnahmen gegen die Verunreinigung der Luft durch Emissionen von KFZ.* 1.11.1996.

[21] EUROPÄISCHES PARLAMENT. *Richtlinie 98/69/EG des Europäischen Parlaments und des Rates vom 13. Oktober 1998 über Maßnahmen gegen die Verunreinigung der Luft durch Emissionen von Kraftfahrzeugen und zu Änderung der Richtlinie 70/220/EWG des Rates.* 28.12.1998.

[22] EUROPÄISCHES PARLAMENT. *Verordnung (EG) Nr. 692/2008 der Kommission vom 18. Juli 2008 zur Durchführung und Änderung der Verordnung (EG) Nr. 715/2007 des Europäischen Parlaments und des Rates über die Typgenehmigung von Kraftfahrzeugen hinsichtlich der Emissionen von leichten Personenkraftwagen und Nutzfahrzeugen (Euro 5 und Euro 6) und über den Zugang zu Reparatur- und Wartungsinformationen für Fahrzeuge.* 28.07.2008.

[23] EUROPÄISCHES PARLAMENT. *Verordnung (EG) Nr. 715/2007 des Europäischen Parlaments und des Rates vom 20. Juni 2007 über die Typgenehmigung von Kraftfahrzeugen hinsichtlich der Emissionen von leichten Personenkraftwagen und Nutzfahrzeugen (Euro 5 und Euro 6) und über den Zugang zu Reparatur- und Wartungsinformationen für Fahrzeuge.* 29.06.2007.

[24] FLIESS, M., LÉVINE, J., MARTIN, P. und ROUCHON, P. »Flatness and defect of nonlinear systems: Introductory theory and examples«. In: *International Journal of Control* (61)6 (1995), S. 1327–1361.

[25] FÖLLINGER, O. und KONIGORSKI, U. *Regelungstechnik: Einführung in die Metho-den und ihre Anwendung.* 12., überarbeitete Auflage. Lehrbuch Studium. Berlin: VDE-Verlag, 2016.

[26] FÖRSTNER, R. »Entwicklung keramischer Festelektrolytsensoren zur Messung des Restsauerstoffgehalts im Weltraum«. Dissertation. Stuttgart: Universität Stuttgart, 2003.

[27] FRIEDLAND, B. *Advanced control system design.* New Jersey, USA: Prentice-Hall, 1996.

[28] GUZZELLA, L. und ONDER, C. *Introduction to Modeling and Control of Internal Combustion Engine Systems.* Berlin und Heidelberg: Springer-Verlag, 2010.

[29] HAMMETT, K., HALL, C. und RIDGELY, D. »Controllability Issues in Nonlinear State-Dependent Riccati Equation Control«. In: *AAIA Journal of Guidance, Control, and Dynamics* 21.5 (1998), S. 767–773.

[30] ISERMANN, R., Hrsg. *Elektronisches Management motorischer Fahrzeugantriebe: Elektronik, Modellbildung, Regelung und Diagnose für Verbrennungsmotoren, Ge-triebe und Elektroantriebe.* Wiesbaden: Vieweg+Teubner Verlag, 2010.

[31] ISERMANN, R. *Fahrdynamik-Regelung: Modellbildung, Fahrerassistenzsysteme, Me-chatronik.* Wiesbaden: Vieweg+Teubner Verlag, 2007.

[32] ISERMANN, R. *Mechatronische Systeme: Grundlagen.* Berlin und Heidelberg: Sprin-ger-Verlag, 2007.

[33] JANKOVIC, M. und KOLMANOVSKY, I. »Constructive Lyapunov control design for turbocharged diesel engines«. In: *IEEE Transactions on Control Systems Technology* (8)2 (2000), S. 288–299.

[34] JUNG, M. und GLOVER, K. »Calibratable linear parameter-varying control of a turbo-charged diesel engine«. In: *IEEE Transactions on Control Systems Technology* (14)1 (2006), S. 45–62.

[35] KAMPKER, A., VALLÉE, D. und SCHNETTLER, A. *Elektromobilität: Grundlagen ei-ner Zukunftstechnologie.* Berlin und Heidelberg: Springer-Verlag, 2013.

[36] KLEIMAIER, A. »Optimale Betriebsführung von Hybridfahrzeugen«. Dissertation. München: Technische Universität München, 2004.

[37] KNIPPSCHILD, C. »Zylinderindividuelle Regelung des Gaszustands bei Pkw- Diesel-motoren«. Dissertation. Braunschweig: Technische Universität Braunschweig, 2011.

[38] KOPP, C. »Variable Ventilsteuerung für Pkw-Dieselmotoren mit Direkteinspritzung«. Dissertation. Magdeburg: Universität Magdeburg, 2006.

[39] KOTMAN, P., BITZER, M. und KUGI, A. »Flatness-Based Feedforward Control of a Diesel Engine Air System with EGR«. In: *Proceedings of 6th IFAC Symposium on Advances in Automotive Control 2010, München, Germany* (2010), S. 598–603.

[40] LADOMMATOS, N., ABDELHALIM, S., ZHAO, H. und HU, Z. »The Dilution, Che-mical, and Thermal Effects of Exhaust Gas Recirculation on Diesel Engine Emissi-ons: Part 4: Effects of Carbon Dioxide and Water Vapour«. In: *SAE Technical Paper 971660* (1997).

[41] LAMPING, M., KÖRFER, T. und PISCHINGER, S. »Zusammenhang zwischen Schad-
      stoffreduktion und Verbrauch bei Pkw-Dieselmotoren mit Direkteinspritzung«. In:
      MTZ - Motortechnische Zeitschrift (68)1 (2007), S. 50–57.

[42] LARINK, J. »Zylinderdruckbasierte Auflade- und Abgasrückführregelung für PKW-
      Dieselmotoren«. Dissertation. Magdeburg: Universität Magdeburg, 2005.

[43] LIEBL, J. und BEIDL, C., Hrsg. *Internationaler Motorenkongress 2015: Mit Nutzfahr-
      zeugmotoren - Spezial.* Wiesbaden: Springer Vieweg, 2015.

[44] LUNZE, J. *Regelungstechnik 1: Systemtheoretische Grundlagen, Analyse und Entwurf
      einschleifiger Regelungen.* Berlin und Heidelberg: Springer-Verlag, 2010.

[45] LUNZE, J. *Regelungstechnik 2: Mehrgrößensysteme, Digitale Regelung.* 6., neu bearb.
      Aufl. Berlin und Heidelberg: Springer-Verlag, 2010.

[46] MERKER, G., SCHWARZ, C., STIESCH, G. und OTTO, F. *Verbrennungsmotoren: Si-
      mulation der Verbrennung und Schadstoffbildung.* Wiesbaden: Vieweg+Teubner Ver-
      lag, 2013.

[47] MERKER, G. und TEICHMANN, R., Hrsg. *Grundlagen Verbrennungsmotoren: Funk-
      tionsweise, Simulation, Messtechnik.* Wiesbaden: Springer Vieweg, 2014.

[48] NITSCHE, R., BLEILE, T., BIRK, M., DIETERLE, W. und ROTHFUSS, R. »Modellba-
      sierte Ladedruckregelung eines PKW-Dieselmotors«. In: *AUTOREG, VDI Berichte*
      1828 (2004).

[49] NOCKE, J. »Modellierung und Simulation in Automotive und Prozessautomation: Si-
      mulation des motorischen Innenprozesses«. Vorlesungsskript. Wismar: Hochschule
      Wismar, 2003.

[50] NÖTHEN, C. »Strategien zur Gassystemregelung von Pkw-Dieselmotoren«. Disserta-
      tion. Magdeburg: Otto-von-Guericke-Universität Magdeburg, 2010.

[51] PINTELON, R. und SCHOUKENS, J. *System identification: A frequency domain ap-
      proach.* 2. ed. MATLAB examples. Natick, USA: MathWorks, 2012.

[52] PISCHINGER, F. »Verbrennungsmotoren«. Vorlesungsumdruck. Aachen: Rheinisch-
      Westfälische Technische Hochschule Aachen, 2002.

[53] PISCHINGER, R., KLELL, M. und SAMS, T. *Thermodynamik der Verbrennungskraft-
      maschine.* Vienna: Springer-Verlag, 2010.

[54] PUCHER, H. und ZINNER, K. *Aufladung von Verbrennungsmotoren: Grundlagen, Be-
      rechnungen, Ausführungen.* Berlin und Heidelberg: Springer-Verlag, 2012.

[55] REIF, K. *Bosch Autoelektrik und Autoelektronik: Bordnetze, Sensoren und elektroni-
      sche Systeme.* Wiesbaden: Vieweg+Teubner Verlag, 2011.

[56] REIF, K., Hrsg. *Dieselmotor-Management im Überblick: einschließlich Abgastechnik.*
      Wiesbaden: Vieweg+Teubner Verlag, 2014.

[57] REIF, K. *Dieselmotor-Management: Systeme, Komponenten, Steuerung und Rege-
      lung.* Wiesbaden: Vieweg+Teubner Verlag, 2013.

[58] RICHERT, F. »Objektorientierte Modellbildung und nichtlineare prädiktive Regelung von Dieselmotoren«. Dissertation. Aachen: Rheinisch-Westfälische Technische Hochschule Aachen, 2005.

[59] RITZKE, J. »Entwicklung eines Hardware-in-the-Loop-Prüfstands und modellbasierte nichtlineare Regelung für hydrostatische Getriebe«. Dissertation. Rostock: Universität Rostock, 2013.

[60] ROTHFUSS, R. »Anwendung der flachheitsbasierten Analyse und Regelung nichtlinearer Mehrgrößensysteme«. Dissertation. Stuttgart: Universität Stuttgart, 1997.

[61] RÜCKERT, J., KINOO, B., KRÜGER, M., SCHLOSSER, A., RAKE, H. und PISCHINGER, S. »Simultane Regelung von Ladedruck und AGR-Rate beim Pkw-Dieselmotor«. In: *MTZ - Motortechnische Zeitschrift* (62)11 (2001), S. 956–965.

[62] SCHULTE, T. »Entwicklung von sauerstoffpermeablen Keramikmembranen für NOx-Sensoren«. In: *Fortschritt-Berichte VDI* (8)821 (2000).

[63] SCHWARTE, A., SCHNEIDER, D., NIENHOFF, M., KOPOLD, R., KORNIENKO, A., KOOPS, I. und BIRKNER, C. »Physikalisch-modellbasierte Regelung des Luftpfads von Dieselmotoren für zukünftige Anforderungen«. In: *at - Automatisierungstechnik* (55)7 (2007), S. 346–351.

[64] SCHWARZ, D., ASCHEMANN, H., PRABEL, R. und SCHMIDT, T. »Estimation of internal exhaust gas recirculation and scavenging gas in an engine with variable valve lift«. In: *21st International Conference on Methods and Models in Automation and Robotics (MMAR) 2016, Miedzyzdroje, Poland* (2016), S. 918–923.

[65] SCHWARZMANN, D., NITSCHE, R. und LUNZE, J. »Diesel Boost Pressure Control using Flatness-Based Internal Model Control«. In: *SAE 2006 World Congress & Exhibition*. SAE Technical Paper Series. Warrendale, USA, 2006.

[66] SCHWARZMANN, D., NITSCHE, R., LUNZE, J. und SCHMIDT, M. »Nonlinear Multivariable Robust Internal Model Control of a two-stage Turbocharged Diesel Engine«. In: *IFAC Proceedings Volumes* (40)10 (2007), S. 409–416.

[67] SIGLOCH, H. *Technische Fluidmechanik.* 9. Auflage. Berlin: Springer Vieweg, 2014.

[68] SIMANI, S. und BONFÈ, M. »Fuzzy Modelling and Control of the Air System of a Diesel Engine«. In: *Advances in Fuzzy Systems* 5 (2009), S. 1–14.

[69] STIESCH, G. *Modeling engine spray and combustion processes.* Berlin und Heidelberg: Springer-Verlag, 2003.

[70] TSCHÖKE, H., Hrsg. *Die Elektrifizierung des Antriebsstrangs: Basiswissen.* Wiesbaden: Springer Vieweg, 2014.

[71] UTKIN, V., CHANG, H., KOLMANOVSKY, I. und COOK, J. »Sliding mode control for variable geometry turbocharged diesel engines«. In: *Proceedings of American Control Conference ACC 2000, Chicago, USA* (2000), S. 584–588.

[72] VAN BASSHUYSEN, R. und SCHÄFER, F., Hrsg. *Handbuch Verbrennungsmotor: Grundlagen, Komponenten, Systeme, Perspektiven.* 7. Auflage. Wiesbaden: Springer Vieweg, 2014.

[73] VOLKSWAGEN AG. *Die Dieselmotoren-Baureihe EA288 mit Abgasnorm EU6: Konstruktion und Funktion.* Hrsg. von Volkswagen AG. Wolfsburg, 2014.

[74] VOLKSWAGEN AG. *VENUS: Das System zur Automatisierung von Prüfständen.* Hrsg. von Volkswagen AG. 2016.

[75] WEST, A., KUDO, T. und FUEKI, K. »Solid state ionics«. In: *Advanced Materials* (3)10 (1991), S. 518.

[76] WIDD, A., EKHOLM, K., TUNESTAL, P. und JOHANSSON, R. »Physics-Based Model Predictive Control of HCCI Combustion Phasing Using Fast Thermal Management and VVA«. In: *IEEE Transactions on Control Systems Technology* (20)3 (2012), S. 688–699.

[77] WOYCZECHOWSKI, N. *Die Zukunft der Elektromobilität in Deutschland: Sind eine Million Elektrofahrzeuge bis 2020 ein realistisches Ziel der Bundesregierung?* Hamburg: Diplomica Verlag, 2014.

[78] ZAHN, S. »Arbeitsspielaufgelöste Modellbildung und Hardware-in-the-Loop- Simulation von Pkw-Dieselmotoren mit Abgasturboaufladung«. Dissertation. Darmstadt: Technische Universität Darmstadt, 2012.

Printed in the United States
By Bookmasters